普通高等教育机械类国家级特色专业系列规划教材

工业产品的数字化模型与 CAD 图样

刘　苏　　王静秋　编著

科学出版社

北　京

内 容 简 介

本书以美国 PTC 公司的 Creo Parametric 2.0 以及 Autodesk 公司的 AutoCAD 2012 为基础，由浅入深地介绍了利用计算机进行三维建模和二维绘图的实用技术。全书按"Creo Parametric 建模技术→AutoCAD 绘图技术→三维模型自动生成二维图样→Creo Parametric 项目训练"这条应用总纲，从软件的基本概念讲起，详细讲述了软件的实用操作技术。

本书图文并茂，实例丰富，还配有优质 PPT 课件和经典练习案例，使读者能较快地掌握软件的使用方法，提高计算机建模和计算机绘图的能力。

本书既可以作为高等学校学生学习计算机三维建模和绘制工程图样的教材，也可以作为培训和自学 Creo Parametric 软件以及 AutoCAD 软件的参考书。

图书在版编目（CIP）数据

工业产品的数字化模型与 CAD 图样 / 刘苏，王静秋编著. —北京：科学出版社，2015.10
普通高等教育机械类国家级特色专业系列规划教材
ISBN 978-7-03-046111-7

Ⅰ. ①工… Ⅱ. ①刘…②王… Ⅲ. ①工程制图－AutoCAD 软件－高等学校－教材②工业产品－计算机辅助设计－应用软件－高等学校－教材 Ⅳ. ①TB237②TB472-39

中国版本图书馆 CIP 数据核字（2015）第 253465 号

责任编辑：毛 莹 张丽花 / 责任校对：桂伟利
责任印制：霍 兵 / 封面设计：迷底书装

科 学 出 版 社 出版
北京东黄城根北街 16 号
邮政编码：100717
http://www.sciencep.com

中国科学院印刷厂 印刷
科学出版社发行 各地新华书店经销

*

2015 年 10 月第 一 版　　开本：787×1092 1/16
2020 年 7 月第七次印刷　　印张：14 1/2
字数：343 000

定价：**50.00 元**
（如有印装质量问题，我社负责调换）

前　　言

技术人员在设计工业产品时，其表达和交流的方式一般有两种：三维数字化模型和二维工程图样。

利用 Creo Parametric 软件，采用人机交互的方式，可利用计算机生成产品的三维数字模型，并由三维模型自动生成产品的二维图样。

利用 AutoCAD 软件，采用人机交互的方式，可利用计算机方便绘制符合我国制图标准的二维工程图样。

本书的目的在于让读者能全面地了解 Creo Parametric 和 AutoCAD 软件的特性与功能，并能尽快地掌握计算机建模和计算机绘图的能力。

本书的特色如下：

1．教材体系纲举目张

本书体系严谨，按"Creo Parametric 建模技术→ AutoCAD 绘图技术→三维模型自动生成二维图样→Creo Parametric 项目训练"这条应用总纲，逐层展开 Creo Parametric 和 AutoCAD 软件的各知识点。章节的编排符合学习规律，全书通俗易懂、循序渐进、便于自学。

2．教材实例简明实用

本书提供了覆盖结构设计与造型设计的应用实例和上机练习。学生通过做丰富的课堂示例和上机练习案例，可较快地提高计算机建模和计算机绘图能力。

3．教材插图丰富新颖

本书插图丰富、精美，且均为作者的原创，生动直观，便于学生理解，具有启发性，能够激发学生的学习兴趣和提高学习效率。

4．教材资源优质全面

本书配套有优质 PPT 课件和经典练习案例，读者可自行下载，下载地址为 http://www.sciencep.com/downloads/download.php?id=1462

作　者
2015 年 8 月于南京

目　　录

中篇　AutoCAD 绘图技术

下篇　工业产品的计算机表达

上篇　Creo Parametric 建模技术

学习本篇后，你将能够：

- ➤ 了解 Creo Parametric 的设计概念
- ➤ 掌握 Creo Parametric 的特征操作
- ➤ 掌握 Creo Parametric 的曲面设计
- ➤ 掌握 Creo Parametric 的零件设计
- ➤ 掌握 Creo Parametric 的装配设计

第1章
Creo Parametric 入门简介

Creo Parametric 是 PTC（美国参数科技公司）核心产品 Pro/ENGINEER 的升级版本，Creo Parametric 在延续 Pro/ENGINEER 强大功能与优势技术的基础上，又增添上百种可大幅提升设计产能的全新功能，使得利用 PTC Creo Parametric 设计工业产品更方便快捷。Creo Parametric 的图形文件占用空间极小，可瞬间载入上千个零件，并能快速找到要处理的零部件，Creo Parametric 是新一代参数化特征建模软件。

Creo Parametric 具备很多延伸模块，可将零件设计、组件设计、模具开发、NC 加工、钣金设计、铸造设计、造型设计、逆向工程、自动测量、机构设计、动态模拟、应力分析、产品资料库管理及协同设计等功能整合一体，以满足企业特殊需求。Creo Parametric 已广泛应用于电子、通信、机械、航空航天、汽车船舶等行业。

1.1 设计功能

Creo Parametric 提供了强大的三维设计功能（图 1-1）。

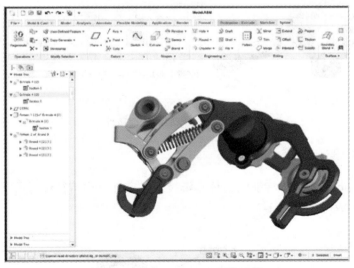

图 1-1　Creo Parametric 三维建模

本书主要涉及 Creo Parametric 以下功能。

1. 三维零件建模

无论零件的结构有多复杂，Creo Parametric 都能创建精准的零件模型，Creo Parametric 能自动创建尺寸参照和草绘尺寸，从而可以快速高效地进行设计和重用。Creo Parametric 还提供了可快速构建的如孔、倒角、倒圆角、拔模、筋板等工程特征，Creo Parametric 的族表技术可创建系列化零件。

2．三维组件装配

Creo Parametric 可更智能、更方便地装配零件，并进行全局干涉检查。在组件装配环境下，利用数据共享技术可快速创建新零件。

3．二维工程图创建

Creo Parametric 按照国际标准（ASME、ISO、JIS），选择第一分角或第三分角投影，自动创建零件和组件的二维工程图样；可以自动创建组件的物料清单（BOM 表）。

1.2　设计概念

Creo Parametric 是一款基于特征的参数化实体建模软件。它的主要设计特点为实体建模、基于特征、参数化与全局相关，使得设计者能在短时间内完成高品质的设计。

1.2.1　实体建模

Creo Parametric 设计的三维模型具有材料、质量、体积、重心和曲面面积等实体所具备的物理属性。图 1-2 是 Creo Parametric 的分析命令对所设计零件的物理属性的分析结果。

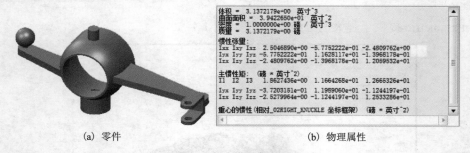

(a) 零件　　　　　　　　　　　　　　(b) 物理属性

图 1-2　实体模型的物理属性

1.2.2　基于特征的设计

Creo Parametric 采用基于特征的实体建模技术，零件是由特征经过叠加、挖切、相交、相切等操作构造而成的，见图 1-3。

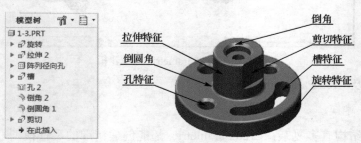

图 1-3　基于特征的实体建模

Creo Parametric 是增量式建模，每次创建一个特征。特征可以是加材料特征或减材料特征。加材料特征是指真实存在的块，如凸台。减材料特征是指切除或缩进的部分，如孔、槽等，图 1-4 显示了零件增量式的建模过程。

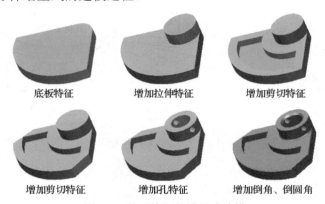

底板特征　　　　增加拉伸特征　　　　增加剪切特征

增加剪切特征　　　增加孔特征　　　增加倒角、倒圆角

图 1-4　基于特征的增量式建模

1.2.3　参数化设计

Creo Parametric 的参数化设计是通过参数、关系和参照元素的方法把零件的设计意图融入模型里，参数化使零件的设计、修改变得方便易行，用户在任何时候都可对零件的设计尺寸、设计参照及设计结构进行修改。

Creo Parametric 模型由尺寸驱动，使用尺寸数值和尺寸参照来定义模型中特征的大小和位置。如果修改某特征尺寸的数值或者特征的尺寸参照，则该特征会相应地修改更新。然后，此更改便会自动传播到模型中相关的特征，并最终更新整个零件。

观察图 1-5（a）所示的零件，其零件基座上部的小圆柱有两个线性定位尺寸（5 和 3），基座后表面和左侧面分别为小圆柱前后方向和左右方向的定位尺寸参照。小圆柱还有两个定形尺寸（直径 $\phi2$ 和高度 2）。图 1-5（b）显示了小圆柱的定位尺寸和高度尺寸修改后的情况。

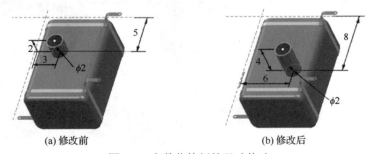

(a) 修改前　　　　　　　　　　(b) 修改后

图 1-5　参数化特征的尺寸修改

1.2.4　全局相关的设计

Creo Parametric 强大的资料库能力，使得它在各模块间文档的互通性更新永远都会保持最新状态。零件设计、模具设计、加工制造等任何一个设计模块对数据的修改都可自动地反映到每个相关的设计模块中，保证了设计、制造等各个环节数据的一致性，从而使得体现先进设计与制造技术的并行工程得以实现，如图 1-6 所示。

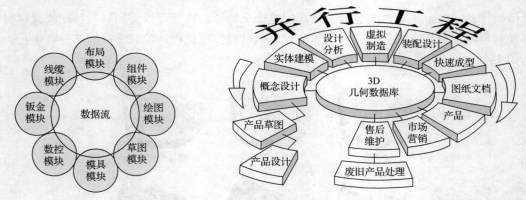

图 1-6　全局相关的数据流

　　例如，某个零件在绘图模块中所做的更改会反映在该零件的零件模块中，相同的更改也会反映在使用该零件的每个装配模块中。了解不同模块之间的关联性是非常重要的。因为显示在绘图模块中的零件信息不是被复制到绘图模块中，而是被以关联的方式链接到绘图模块。同样地，组件模块中也不是包含装配中每个零件的副本的大文件，而是包含指向装配中所使用的每个零件模型的关联链接文件。

　　如图 1-7 所示，在零件模块中修改了轴的长度，装配模块中的轴会按照修改后的尺寸自动更新。

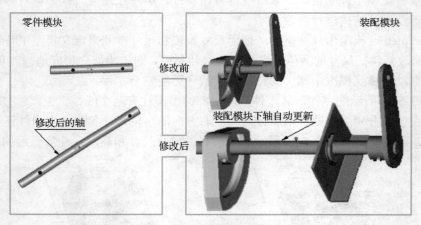

图 1-7　不同模块间的全局相关

1.3　用户界面

　　双击 Creo Parametric 图标，出现 Creo Parametric 的欢迎页面，如图 1-8 所示。

　　在 Creo Parametric 的欢迎页面有【文件】和【主页】两个选项，【主页】面板如图 1-9 所示。

　　单击【主页】面板上的"选择工作目录"图标，选择一个目录作为接下来将要进行设计工作时设计文档的检索和存储路径。

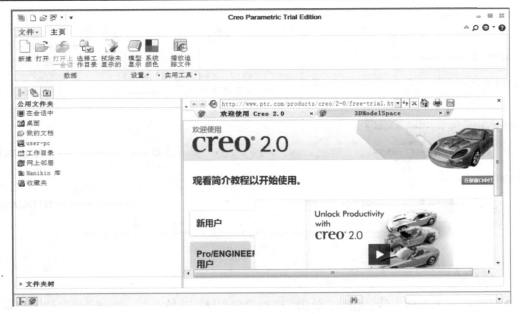

图 1-8　Creo Parametric 的欢迎页面

图 1-9　【主页】面板

1.3.1　文档类型

单击【主页】面板上的"新建"图标，Creo Parametric 弹出"新建"对话框，如图 1-10 所示，它所提供的应用模块如表 1-1 所列。

图 1-10　"新建"对话框

表 1-1　部分设计模块类型

设计模块	功　　能	扩展名
草绘模块	绘制二维图形	.sec
零件模块	实体零件或钣金零件的建模设计	.prt
装配模块	组件的装配设计	.asm
制造模块	模具设计、数控加工及仿真	.mfg
绘图模块	零件图或装配图	.drw

1.3.2　操作界面

如果选择了 Creo Parametric 的零件模块，选中"使用默认模板"，单击【确定】。Creo Parametric 以默认模板的建模环境(单位、材料、精度、图层、坐标系等)开始零件的三维建模。Creo Parametric 零件模块的用户界面如图 1-11 所示。

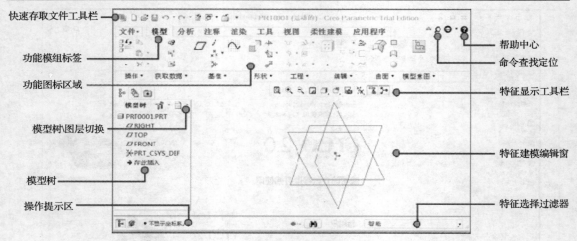

快速存取文件工具栏
功能模组标签
功能图标区域
模型树\图层切换
模型树
操作提示区
帮助中心
命令查找定位
特征显示工具栏
特征建模编辑窗
特征选择过滤器

图 1-11　零件模块的用户界面

1. 模型树

模型树显示了模型的特征信息，单击"模型设置" 下拉菜单→选择"树过滤器" ，系统弹出"模型树项"对话框（图 1-12），可对模型树的显示项目进行设置。

2. 图层

单击"模型树/图层"切换图标 ，可以在模型树显示和图层显示之间进行切换。

在图层显示状态，可使用右键快捷菜单对图层进行新建、删除、复制和隐藏等操作。新建图层，或选择已有图层后右键快捷菜单选择"层属性"，系统弹出"层属性"对话框（图 1-13），可以向图层添加项目或移除项目。

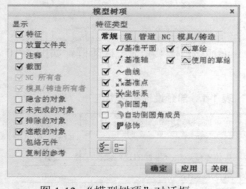

图 1-12　"模型树项"对话框

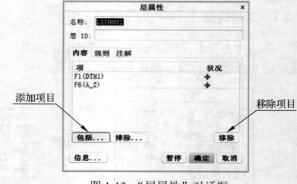

图 1-13　"层属性"对话框

使用图层可以对 Creo Parametric 系统的点、线、面等几何信息进行分类管理，控制这类几何信息的可见与不可见，使零件建模编辑窗口显示的模型更有条理和更清晰，可提高设计效率。

3. 操作控制板

创建特征或是编辑定义特征时，Creo Parametric 系统就会打开该特征的操作控制面板，创建该特征的所需要的一切操作或输入数据都在该操控板上，操控板为特征的创建和编辑任务提供操作指导、数据输入和状态显示。图 1-14 显示的就是创建孔特征的操控板。

图 1-14　孔特征操控板

1.4　文档管理

单击 Creo Parametric 的【文件】选项，系统打开"文件"下拉菜单，如图 1-15 所示。

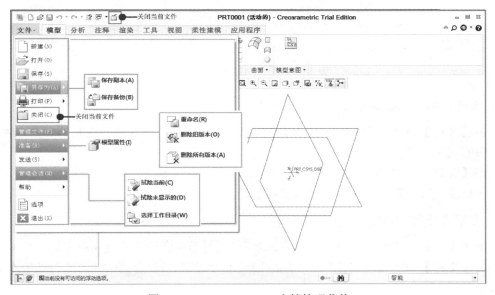

图 1-15　Creo Parametric 文档管理菜单

需要特别说明的 Creo Parametric 几种文档管理方法如下。

1. 保存文件

Creo Parametric 以版本号来记载每次的保存操作。例如，零件在进行实体建模时，假设其文件名为默认的 part0001，第一次保存时其文件名为 part0001.prt.1，以后每进行一次保存操作，版本号就加 1，即 part0001.prt.2、part0001.prt.3 等。

2. 打开文件

在下一次进行打开操作时，默认情况下 Creo Parametric 总是打开文档的最高版本。

如要选择性地打开其中某个版本，需在"文件打开"对话框中（图 1-16），选中"所有版本"，"打开"对话框中即可显示文件的所有版本。

单击"在会话中"图标，可显示在当前 Creo Parametric 内存中的所有文件。

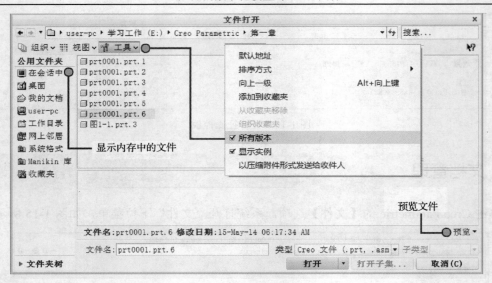

图 1-16　"文件打开"对话框

3. 保存副本与保存备份（图 1-15）

单击【文件】→"另存为"→"保存副本"，可在当前工作目录下用新的文件名保存当前会话中的文件。

单击【文件】→"另存为"→"保存备份"，可在新的路径下备份当前会话中的文件，备份操作只能更改保存路径，不能更改文件名。

4. 管理文件（图 1-15）

单击【文件】→"管理文件"→"重命名"，可对当前会话文件重新命名。

单击【文件】→"管理文件"→"删除旧版本"，删除当前会话文件的所有低版本文件，只保留最高版本。

单击【文件】→"管理文件"→"删除所有版本"，删除当前会话文件的所有版本文件。

5. 关闭窗口

Creo Parametric 支持多窗口会话操作，可同时进行零件设计、装配设计等多个功能模块的会话操作，单击"快速存取"工具栏（图 1-11）的关闭当前窗口图标，或者单击【文件】→"关闭(C)"，可关闭当前会话窗口，但该会话文档数据还在当前 Creo Parametric 的内存中。若要关闭的窗口不是当前窗口，可单击"快速存取"工具栏的激活窗口图标，先将窗口激活再关闭。

6. 准备

单击【文件】→"准备"→"模型属性"，可修改当前会话中对象的材料、单位、精度等物理属性。

7. 管理会话

关闭窗口只是将某会话文档的编辑窗口关闭，其数据还在当前 Creo Parametric 的内存中，要清除当前 Creo Parametric 的内存中数据，具体操作分以下两种情况。

（1）单击【文件】→"管理会话"→"拭除未显示的"，拭除已关闭会话窗口但仍旧留在内存中数据。

（2）单击【文件】→"管理会话"→"拭除当前"，关闭当前会话窗口并同时拭除在当前 Creo Parametric 内存中的数据。

1.5　鼠标操作

1.5.1　选择对象

光标为箭头形状时，移动鼠标，当箭头光标与某选择目标重合时加亮该目标。

单击鼠标左键，选中加亮目标。

当箭头光标移至几个目标相互重叠区域时，可单击鼠标右键在重叠目标中依次切换加亮。

按住 Ctrl 键，将箭头光标移至新目标单击鼠标左键，可同时选中多个目标进入选择集目标。反之，可从选择集中去除目标。

按住 Shift 键，单击鼠标左键，可建立曲面集。

在选择集外单击鼠标左键，可清除一切选择目标。

1.5.2　浏览模型

1．2D 草绘

按住滚轮移动鼠标，平移二维图形。

滚动滚轮键，缩放二维图形。

2．3D 建模

按住滚轮移动鼠标，旋转三维模型。

按住 Shift 键，并同时按住滚轮，移动鼠标，平移三维模型。

滚动滚轮键，缩放三维模型。

1.5.3　装配零件

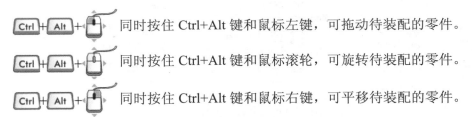

同时按住 Ctrl+Alt 键和鼠标左键，可拖动待装配的零件。

同时按住 Ctrl+Alt 键和鼠标滚轮，可旋转待装配的零件。

同时按住 Ctrl+Alt 键和鼠标右键，可平移待装配的零件。

1.6　快捷键

1.6.1　Alt 组合键

如图 1-17 所示，按 Alt+1 键可新建一个文件；按 Alt+V 键，可切换"视图"选项，以此类推。

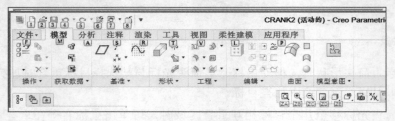

图 1-17　Alt 组合键

1.6.2　Ctrl 组合键

如表 1-2 所示，按 Ctrl+N 键，可新建一个文件；按 Ctrl+D 键，可切换模型的标准方向视图，以此类推。

表 1-2　Ctrl 组合键

Ctrl N	新文件	Ctrl G	重新生成当前模型
Ctrl O	打开文件	Ctrl V	粘贴
Ctrl S	保存文件	Ctrl Z	Undo
Ctrl F	按规则查找、过滤目标	Ctrl Y	Redo
Del	删除	Ctrl R	重新绘制当前视图
Ctrl C	复制	Ctrl D	显示标准方向视图

1.7　模型显示

Creo Parametric 的"模型显示"工具栏如图 1-18 所示。

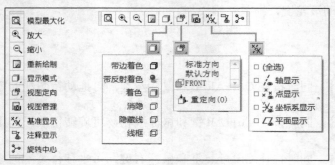

图 1-18　"模型显示"工具栏

系统提供了多种模型显示的方式，如图 1-19 所示。

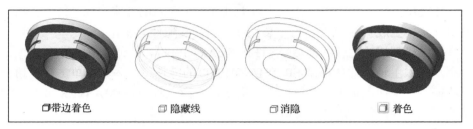

图 1-19　模型显示模式

利用视图定向图标，可选择系统默认的视图方向，也可以自定义视图方向。

1.8　本章实例练习

练习 1　初识 Creo Parametric。

step1　选择当前工作目录。

step2　打开 ⬜ →chapter1→MASTER.ASM。

step3　文件→选项 ▤。利用 Creo Parametric 选项对话框，修改模型显示设置。

　　(1)将默认模型方向由斜轴测改为正等测；

　　(2)将默认模型着色品质由 3 改为 10。

step4　利用基准显示工具栏 ⬚⬚⬚⬚⬚⬚，显示或隐藏基准面、基准轴、坐标系和旋转中心。

step5　利用模型显示模式工具栏 ⬚⬚⬚⬚⬚ 观察模型的显示方式。

step6　切换模型树窗口和图层窗口 ▤。

step7　利用鼠标、图形缩放工具栏 ⬚⬚⬚⬚ 或 Alt、Ctrl 组合键缩放视图。

step8　利用视图重定向图标 ⬚，自定义视图及并保存视图，如图 1-20 所示。

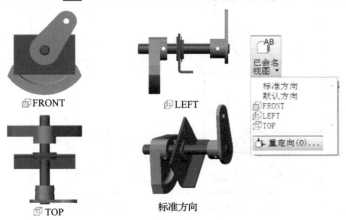

图 1-20　视图定向

练习 2　使用模型树。

step1　打开 ⬜ →chapter1→MASTER.ASM。

step2　在装配窗口，单击选中模型树的主轴零件（MASTER_SHAFT.PRT），单击鼠标右键出现快捷菜单，单击"编辑"命令，将主轴零件上显示的偏距尺寸 76 改为 90。

step3　单击"重新生成"图标 🔃，再生装配件，观察装配件的变化。

step4　单击选中模型树的主轴零件（MASTER_SHAFT.PRT），在右键快捷菜单上单击"打开"命令，进入主轴零件（MASTER_SHAFT.PRT）的零件窗口。右键单击模型树上的伸出项特征，在快捷菜单上选择"编辑"命令，修改主轴零件（MASTER_SHAFT.PRT）显示的长度尺寸，将 152 改为 250。

step5　"文件"→"关闭"，关闭主轴零件（MASTER_SHAFT.PRT）的零件窗口。

step6　在装配窗口，单击"重新生成"图标 🔃，再生成装配件，刚才在零件窗口主轴零件的修改，装配件也作了相应更新，见图 1-21。

图 1-21　模块的全局相关

练习 3　使用 Creo Parametric 的分析功能。

step1　打开 📂→chapter1→曲柄零件的绘图文件 DRAW_CRANK2.DRW，如图 1-22 所示。

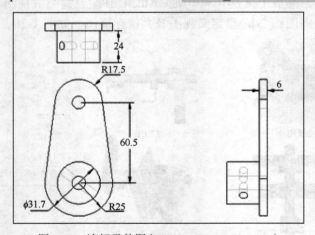

图 1-22　连杆零件图（DRAW_CRANK2.DRW）

step2　双击尺寸 60.5，在"尺寸属性"对话框中将其改为 90.5。

step3　激活 MASTER.ASM 装配窗口，装配件中的曲柄相应也被更新。

step4　在装配窗口，检查装配件模型间的干涉。

step5　选择【分析】选项→"全局干涉" →"计算" 。

在"全局干涉"对话框中，显示有两处发生干涉，其中 BUSHING 零件和 RING 零件干涉，MASTER_SHAFT 和 CRANK2 零件干涉，如图 1-23 所示。

图 1-23　装配件的全局干涉分析

step6　在零件窗口，分别修改产生干涉的零件尺寸。如将曲柄 CRANK2 的内孔直径由 $\phi10$ 改为 $\phi17$，即可解决 MASTER_SHAFT 和 CRANK2 零件的干涉。

第 2 章

Creo Parametric 基本操作

2.1 草绘技术

Creo Parametric 是特征建模，图 2-1 显示了同一个 L 形截面所形成的不同的实体特征。特征建模的基础是二维草绘，草绘是集中了几何图线、尺寸、约束和参照元素而形成一个截面，如图 2-2 所示。

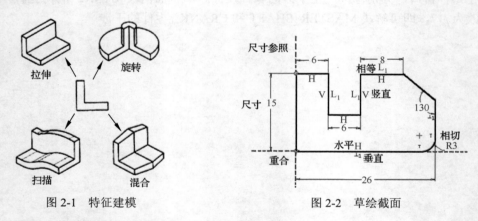

图 2-1 特征建模 | 图 2-2 草绘截面

草绘环境下的各工具栏面板见图 2-3～图 2-7。

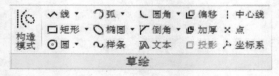

图 2-3 "草绘"工具栏

图 2-4 "约束"工具栏

图 2-5 "编辑"工具栏

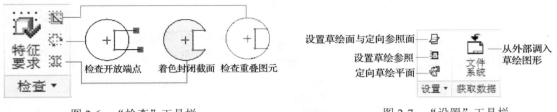

图 2-6 "检查"工具栏　　　　　　　图 2-7 "设置"工具栏

草绘截面时的几点说明：

（1）必须选择与草绘面垂直的面作为定向参照面，它确定了草绘截面的放置方向。

（2）根据用户选择的草绘面和定向参照面，Creo Parametric 会自动给出草绘截面的尺寸参照。使用"设置"工具栏的"设置草绘尺寸参照"图标，可增加和删除草绘参照。

（3）在草绘编辑窗口，草绘参照是以点画线显示的。如果草绘截面有对称线或旋转中心线，一定要专门绘制对称线或中心线，草绘参照线不能与对称线和旋转轴混淆。在草绘图形编辑区单击鼠标右键，可弹出右键快捷菜单，提供常用的草绘、编辑、尺寸标注等快捷方式。

（4）在构造模式下绘制的图线，系统用虚线显示，这类线只是绘制草绘截面的辅助线，不参与实体建模。

（5）在绘制草绘截面时，Creo Parametric 自动给出截面的尺寸和约束，称为弱约束、弱尺寸，设计者根据设计意图增加的约束和尺寸，称为强尺寸和强约束。可使用右键快捷菜单来锁定或解锁一个尺寸。

例题 1　绘制五角星。

step1　新建□→选择"草绘"模块→键入文件名：star→【确定】。

step2　打开"草绘"工具栏上的"构造模式"图标⦿，绘制一个辅助圆和两根辅助线，见图 2-8（a）。

step3　关闭"构造模式"图标⦿，绘制五角星，注意辅助线和辅助圆与五角星的关系，删除其他多余约束，见图 2-8（b）。

step4　加上五角星对两根辅助线的对称约束，以及五角星边相等的约束，见图 2-8（c）。

step5　只需修改角度尺寸，就可将五角星改为正五边形，见图 2-8（d）。

step6　保存文件 star.drw。

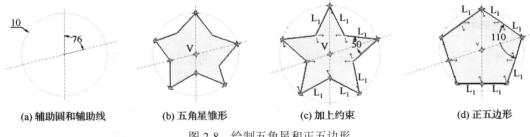

(a) 辅助圆和辅助线　　(b) 五角星雏形　　(c) 加上约束　　(d) 正五边形

图 2-8　绘制五角星和正五边形

2.2　生成特征

Creo Parametric 有拉伸、旋转、扫描和混合四种生成特征，见图 2-9。

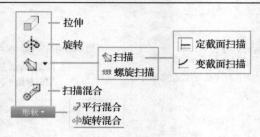

图 2-9　Creo Parametric 生成特征

2.2.1　拉伸特征

拉伸特征是由草绘截面沿着与草绘面垂直的直线方向扫描而成的一类特征。
拉伸特征操控板上的图标说明见图 2-10。

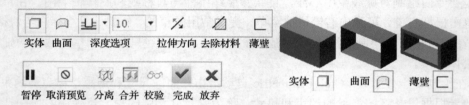

图 2-10　拉伸特征图标

特征的深度选项说明见图 2-11。

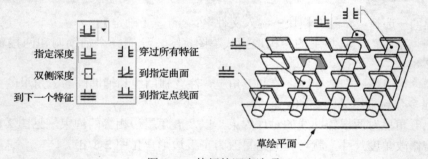

图 2-11　特征的深度选项

2.2.2　旋转特征

旋转特征是由草绘截面绕旋转中心线，按照给定的旋转角旋转而成的一类特征，见图 2-12。

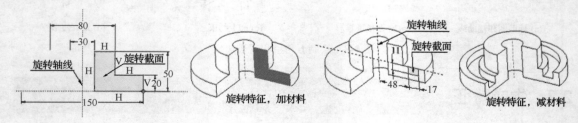

图 2-12　旋转特征

　　绘制旋转特征的草绘截面时，一定要首先绘制旋转中心线。如果草绘截面也有对称线，系统默认绘制的第一根中心线为旋转中心线。也可以利用右键快捷菜单的"指定旋转轴"在多个中心线之间进行指定。

2.2.3　扫描特征

　　扫描特征是草绘截面沿扫描轨迹线扫描而成的一类特征。扫描特征分定截面扫描、变截面扫描和螺旋扫描三种类型。

1. 定截面扫描

　　特征延轨迹线扫描时，截面保持不变。

　　封闭截面可以沿着开放轨迹或闭合轨迹扫描，但开放截面沿着闭合轨迹扫描时系统会自动将其转换为曲面特征或是薄壁特征，如图 2-13 所示。

　　定截面扫描特征的草绘截面与轨迹线系统默认是垂直的，称为自由端，若选择闭合端，在扫面特征的端点处会和相邻特征连接，如图 2-14 所示。

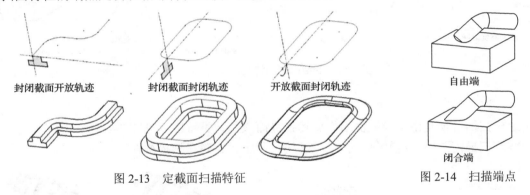

图 2-13　定截面扫描特征　　　　　　图 2-14　扫描端点

2. 变截面扫描

　　特征延轨迹线扫描时，截面可随着轨迹线产生变化。

　　变截面扫描可以有多条轨迹线，系统将所选择的第一根轨迹线默认为主轨迹，接下来选择的其他轨迹为附加轨迹。扫描长度以主轨迹为准。系统会在每条轨迹的起始点处放置一个草绘点。绘制变截面扫描特征的截面时，截面线与各轨迹线的起始点重合，轨迹线就能控制草绘截面，当草绘截面沿着主轨迹扫描时，截面就会顺着各轨迹线的变化而产生相应的变化。如图 2-15 所示。

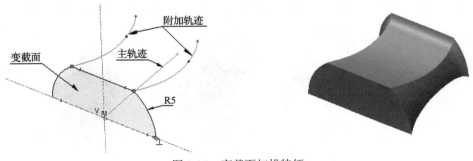

图 2-15　变截面扫描特征

变截面扫描特征相对于主轨迹扫描时，系统提供了三种截面的定向方式，如图 2-16 所示。

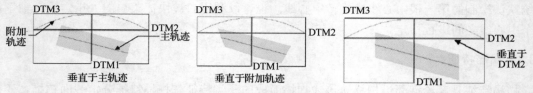

图 2-16 变截面扫描的截面定向方式

变截面扫描特征有个参数 Trajpar，在扫描起始点处参数 Trajpar 值为零，在扫描终止点处参数 Trajpar 值为 1。用变截面扫描特征建模时，可利用"关系"工具让 Trajpar 参数来影响扫描截面的尺寸，如图 2-17 所示。

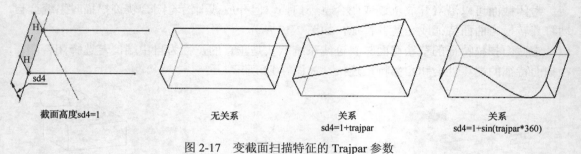

图 2-17 变截面扫描特征的 Trajpar 参数

3. 螺旋扫描

螺旋扫描特征是由草绘截面沿螺旋线扫描而成的一类特征，见图 2-18。

螺旋扫描需要确定旋转轴、扫描轮廓线、节距、旋向和扫描截面等几何因素。

图 2-18 螺旋扫描特征

2.2.4 混合特征

混合特征是由两个或多个草绘截面创建的一类特征。

混合特征分平行混合、旋转混合和扫描混合三种类型，分别见图 2-19、图 2-20 和图 2-21。

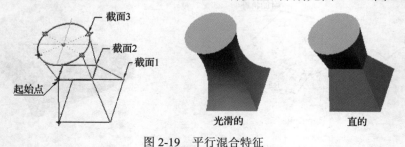

图 2-19 平行混合特征

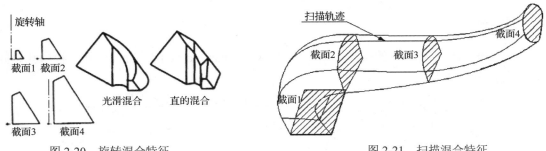

图 2-20　旋转混合特征　　　　　　　　　　　图 2-21　扫描混合特征

　　创建混合特征时，截面和截面之间从起始点开始，按顺时针方向依次连接各个截面的顶点。为了创建一个光顺的实体表面，必须对齐各个截面的起始点，如图 2-22(a)所示。如截面之间的起始点没有对齐，混合实体的表面就会扭曲，如图 2-22(b)所示。

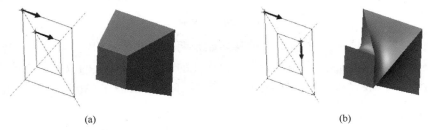

(a)　　　　　　　　　　　　　　　　　　　　(b)

图 2-22　对齐截面起始点

　　创建混合特征时，各个截面的线段数量必须相等，即各个截面有相同的混合顶点数量，假如某个截面没有足够的线段数量，可绘制一个小尺寸线段将混合顶点增加到截面上，如图 2-23 所示为两个矩形截面和一个三角形截面之间的光滑混合特征。

　　创建混合特征时，可使用混合特征的"相切"选项来调整混合曲面在其边界与某个指定曲面相切，如图 2-24 所示为混合曲面与圆柱面相切。

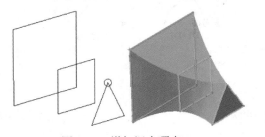

图 2-23　增加混合顶点

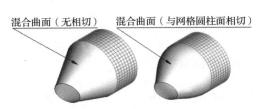

图 2-24　混合特征的相切

2.3　放置特征

　　Creo Parametric 的放置特征有直孔、倒角、倒圆角、拔模、筋板和抽壳等，见图 2-25。

图 2-25　Creo Parametric 放置特征

2.3.1　孔特征

Creo Parametric 孔特征的操控板见图 1-14。Creo Parametric 的孔分线性孔、径向孔和同轴孔几种，见图 2-26。

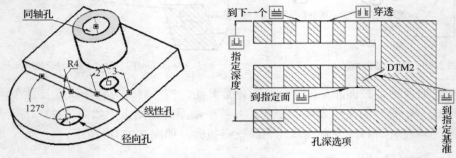

图 2-26　孔特征

线性孔的放置参照是孔的放置面，偏移参照是两个线性尺寸的定位参照；同轴孔的放置参照是孔的轴线和放置面，无需偏移参照；径向孔的放置参照是孔的放置面，偏移参照是径向轴线和角度参照。放置参照或偏移参照是两个参照时，需要按住 Ctrl 键再选择第二个参照。

2.3.2　倒角特征

Creo Parametric 可以创建边线和顶角倒角。边线倒角是在选定的边线上创建一个倒角，顶角倒角是在三条边线交点处创建一个倒角，见图 2-27。

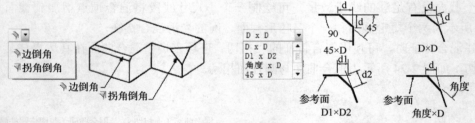

图 2-27　倒角特征

2.3.3　倒圆角特征

Creo Parametric 可以在选定的边线上创建一个倒圆角。

倒圆角有不变半径倒圆角、可变半径倒圆角、通过曲线倒圆角和完全倒圆角四种情况，见图 2-28。

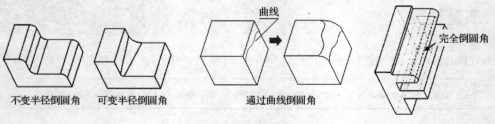

图 2-28　倒圆角特征

一般在零件建模的后期创建倒圆角，先创建半径较小的圆角，应该避免使用圆角作为参照元素创建特征。对于拔模表面，应先拔模，然后创建必要的圆角。

2.3.4　拔模特征

拔模是铸造零件的工艺结构，Creo Parametric 提供了创建拔模面的拔模特征，拔模斜度的最大角度可以是正负 30°。拔模特征的创建过程见图 2-29。

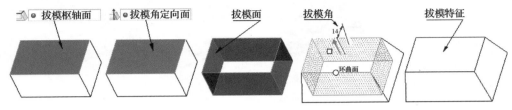

图 2-29　拔模特征

拔模特征所使用的术语：

(1)拔模枢轴。拔模曲面将围绕拔模枢轴旋转，可选取被拔模面围绕的平面作为拔模枢轴面，拔模枢轴就是拔模面与拔模枢轴面的交线。拔模枢轴面可以是零件表面或基准面。

(2)拖动方向(拔模方向)。定义拔模角度的起始方向。

(3)拔模角度。拔模面绕拔模枢轴旋转的角度。

2.3.5　筋特征

筋是零件结构间的薄板结构，分轮廓筋和轨迹筋两种。

轮廓筋的创建类似于拉伸，但轮廓筋的草绘截面是开放的，其一端必须和已有的零件表面对齐，特征的生成方向是以草绘平面为基准向两侧对称生成，见图 2-30。

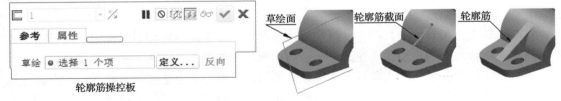

图 2-30　轮廓筋特征

轨迹筋主要用于在模型内部添加加强筋，可以一次添加多条筋。选择一个和实体模型相交的草绘平面，然后绘制筋的排布轨迹线，轨迹线不需要和模型实体相交，系统会按照草绘的轨迹线向零件内壁延伸，从而生成轨迹筋，一次可生成多条轨迹筋，见图 2-31。

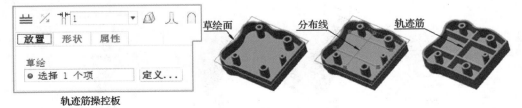

图 2-31　轨迹筋特征

2.3.6　壳特征

壳特征是将零件上选定的表面去除，并使零件成为给定厚度的中空件。

创建壳特征时，只需在零件表面选择开口平面，然后输入壳的厚度，即可完成壳的创建，见图 2-32。

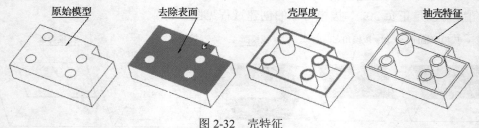

原始模型　　　　　去除表面　　　　　壳厚度　　　　　抽壳特征

图 2-32　壳特征

创建壳时，可以指定零件的厚度相等，也可以对某些表面厚度单独进行指定，使得零件的表面厚度不等。

2.4　基准特征

Creo Parametric 基准特征有基准面、基准轴、基准点、坐标系、基准曲线和图形基准等，见图 2-33。

基准面　　　基准轴　　　基准点　　　坐标系　　　基准曲线　　　图形基准

图 2-33　基准特征

只要是能确定一个平面的几何条件就能创建基准面，如与某个面平行偏距、过一根轴线并与某个面成一定角度等。

只要能确定一根直线的几何条件就能创建基准轴，如参照某圆柱面的轴线、过已知曲线上一点并在该点与曲线相切、过曲面上一点并在该点与曲面垂直、两平面的交线等。

同理可类推到创建基准点与基准坐标系。如创建基准点的方法可以是曲面上的点、曲线上的点、顶点等。创建基准坐标系的方法可以是三个平面或一个点与两根轴等。

需要注意的是，在同时有几个几何参照约束时，选择时要同时按住 Ctrl 键。如若要在三个平面的交点处创建一个基准坐标系，要先按住 Ctrl 键后再选择第二个和第三个平面。

基准曲线一般用于基于草绘的特征中，如扫描、混合及轨迹筋等特征。基准曲线的创建方法有草绘、曲线在曲面上偏移、两曲面相交、投影、包络等，见图 2-34。

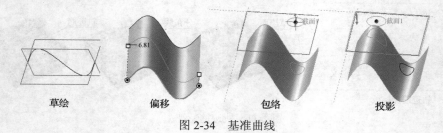

草绘　　　　　偏移　　　　　包络　　　　　投影

图 2-34　基准曲线

在生成特征和放置特征的特征创建过程中，创建的基准特征称为内部基准特征。在模型树上内部基准特征显示在该特征的子项里面。

2.5　特征操作

Creo Parametric 可以对已有的特征进行阵列、复制、删除、修改等操作。

2.5.1　特征阵列

"阵列"命令是用来创建一个特征的多个副本的。阵列主要有线性阵列和旋转阵列两大类。第一个特征称为导引特征，见图 2-35。

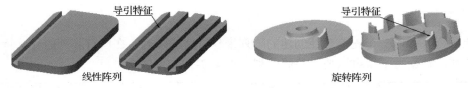

图 2-35　阵列特征

创建的阵列表现为一个特征。阵列是参数化的，可以进行修改，修改阵列导引特征，系统将自动更新整个阵列。

"阵列"选项有相同、变化和一般三种，见图 2-36。

相同：阵列的单元有相同的尺寸，并且在同一个放置表面上。相同阵列的单元不能和其他特征、单元或者放置平面的边线相交。

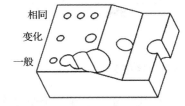

图 2-36　阵列选项

变化：变化阵列的单元可以有不同的尺寸，也可以在不同的放置表面上。变化阵列的单元不能和其他单元相交。

一般：单元可以有不同的尺寸，也可以在不同的放置表面上。一般阵列的单元可以和其他单元相交。

阵列方法主要有尺寸阵列、旋转（轴）阵列、参照阵列、阵列表等。

1. 尺寸阵列

尺寸阵列是通过改变特征尺寸进行阵列，尺寸阵列可以是沿着一个方向进行的阵列，即按"行"阵列。也可以将第一方向的阵列沿着第二个方向再进行阵列，即按"列"阵列，见图 2-37。

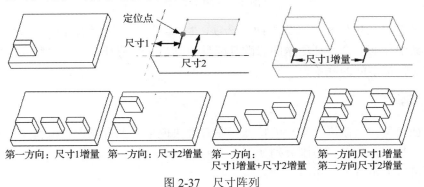

图 2-37　尺寸阵列

2. 轴阵列

轴阵列一般用于旋转阵列，只需指定阵列参照轴、增量角度和阵列个数即可，见图 2-38。

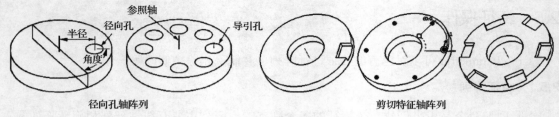

图 2-38　轴阵列

3. 参照阵列

参照阵列是参照一个先前已经创建的阵列来建构新的阵列。在已有阵列的导引特征上增加新的特征，该新特征就可以使用参照阵列，见图 2-39。

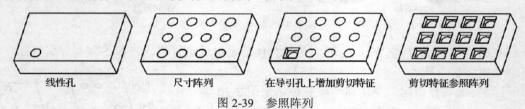

图 2-39　参照阵列

2.5.2　特征复制

复制特征可创建一个或多个特征的一个副本。有镜像复制、平移复制和旋转复制，以及按新参照进行复制，见图 2-40。

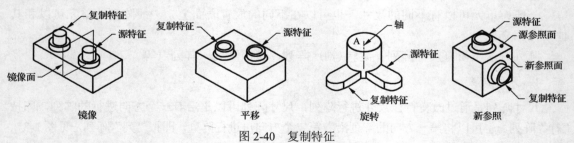

图 2-40　复制特征

复制特征有"从属"和"独立"两个选项，"从属"选项保留了源特征与复制特征之间的关系，对其中任何一个特征所做的修改都能反映到另一个特征上；而"独立"选项打断了复制特征与源特征之间的联系。

2.5.3　特征编辑

选中特征模型树上欲进行编辑的特征，在右键快捷菜单上有编辑、编辑定义和编辑参考三个子命令，其编辑功能和范围分别如下。

编辑：可以编辑特征的所有尺寸。

编辑定义：打开定义该特征的操控板，可以对该特征的参照、尺寸等所有信息进行编辑。

编辑参考：可以编辑特征的所有参照。

2.5.4　模型特征

还有一些如删除与插入、隐含、隐藏和组等是与模型树有关的特征操作。要对模型树上的特征进行操作，首先要了解模型树上的特征之间有一个很重要的关系——父子关系。

1．父子关系

当创建新特征时，为确定新特征的定形和定位尺寸，需要以先前定义的特征作为尺寸参照。用作参照的特征就是新特征的父项，新特征为子项。

基于草绘的特征，在确定草绘平面和定向参照平面时，草绘平面、定向参照平面和草绘截面时选择的其他参照都是该新特征的父项。

放置特征要在现有特征上选取的曲面和边等作为参照，所以放置特征与所选参照的特征就生成一个父子关系。

2．模型树特征

与模型树有关的特征操作主要有以下几种。

（1）删除特征：删除选中的特征。若该特征是其他特征的父特征，删除了该父特征，其下的所有子特征也会一并删除。所以，删除父特征前，应该先对子特征进行编辑参考的操作，重新指定新参照，打断与删除特征的父子关系。

（2）重命名特征：重新命名特征。

（3）插入特征：拖动模型树底部的"在此插入"红色箭头到模型树上需要插入新特征的地方，可在模型树中间插入新特征。

（4）组：按住 Shift 键，在模型树上同时选中多个特征，形成一个组特征。该命令可使模型树简练，设计更高效。

（5）隐含与恢复：隐含的特征暂时从模型中去除，不参与模型的重新生成与重画。可以用"恢复"命令将其恢复。该命令可用于多个设计方案的比较。

（6）隐藏与取消隐藏：可以按设计需要，选择隐藏或显示绘图编辑窗口的点、轴、面等几何特征，使设计更高效。

（7）重定次序：可根据新的设计意图，将选中的特征拖动到模型树的新位置，但不能改变父特征和子特征的前后顺序。

2.6　本章实例练习

练习 1　参照零件图 2-41 进行轴承座建模。

step1　新建□→零件模块→输入文件名：bearing_seat→选中"使用默认模板"→【确定】。

step2　创建底板。

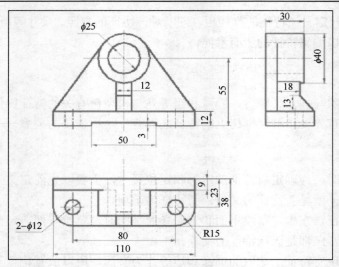

图 2-41　轴承座图纸

(1)【模型】选项→拉伸 →选择 TOP 基准面作为底板草绘面，系统默认 RIGHT 基准面为定向参照面，方向朝右。

(2)定向草绘视图平面 ，关闭基准显示。使用系统默认的尺寸参照，在 RIGHT 参照上放置竖直中心线 ，绘制如图 2-42(a)所示的草绘截面，单击确定图标 。

(3)给定拉伸高度值 12，底板如图 2-42(b)所示。

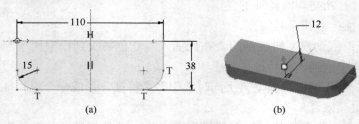

(a)　　　　　　　　　　　　(b)

图 2-42　底板特征

step3　创建轴承圆柱孔。

(1)【模型】选项→拉伸 →选择 FRONT 基准面作为草绘面，系统默认 RIGHT 基准面右向为定向参照面。

(2)定向草绘视图平面 ，关闭基准显示。使用系统默认的尺寸参照，模型切换为隐藏线显示，绘制如图 2-43 所示的草绘截面，单击确定图标 ，给定拉伸值 30，模型切换为着色显示。

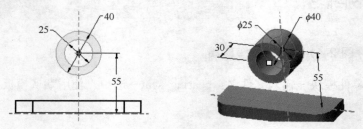

图 2-43　轴承圆柱孔特征

step4　创建支撑板。

(1)【模型】选项→拉伸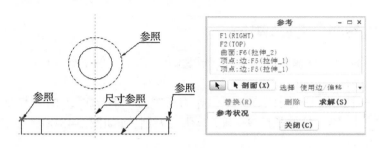→选择 FRONT 基准面作为草绘面，系统默认 RIGHT 基准面右向为定向参照面。

(2)定向草绘视图平面，关闭基准显示，模型切换为隐藏线显示。

(3)设置新的草绘参照，除了系统默认的两个尺寸参照，另外增加大圆柱面和底板上的 2 个顶点为新的草绘参照，如图 2-44 所示。

图 2-44　增加新参照

(4)绘制如图 2-45 所示的草绘截面，单击确定图标，给定拉伸值 9，模型切换为着色显示。

step5　创建筋板。

(1)【模型】选项→轮廓筋→【参考】→【定义】，选择 RIGHT 面为草绘面，TOP 面朝向顶为定向参照面，关闭基准面显示，模型切换为隐藏线显示。

(2)打开草绘参照，删除系统默认的两个尺寸参照，选择圆柱面、支撑板左侧面和底板上表面为新的草绘参照。绘制轮廓筋的开放截面，并用标注尺寸图标重新标注尺寸，如图 2-46 所示。

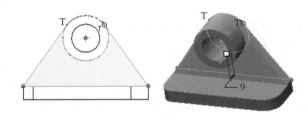

图 2-45　支撑板特征

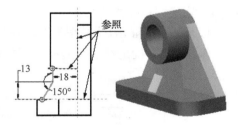

图 2-46　筋板特征

step6　创建底板上的安装孔。

(1)打开基准轴显示，单击基准轴图标，选择底板上的倒圆角曲面，创建安装孔轴线，如图 2-47(a)所示。

(2)【模型】选项→孔→【放置】，选择底板上右侧的轴线，按住 Ctrl 再选择底板的上表面，选择"穿过所有"深度选项，输入小孔直径 12，单击确定图标，底板右侧的同轴孔如图 2-47(b)所示。

(3)打开基准面显示，在模型树上选中小孔特征，单击镜像图标，选择 RIGHT 面为镜像面，单击确定图标，底板左侧的镜像孔如图 2-47(c)所示。

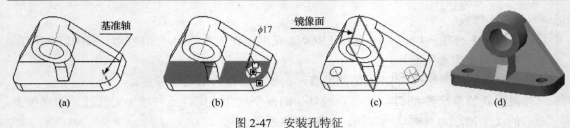

图 2-47　安装孔特征

练习 2　设计如图 2-50(c)所示的曲轴。

step1　新建□→零件模块→输入文件名：crankshaft→选中"使用默认模板"→【确定】。

step2　创建中段圆轴。

　　【模型】选项→拉伸□→选择 RIGHT 面作为草绘面→草绘 φ1.25 的圆截面→确定✔→双侧对称拉伸□，输入拉伸长度 9→确定✔。拉伸特征如图 2-48(a)所示。

step3　创建右端轴段。

　　【模型】选项→旋转→选择 TOP 面作为草绘面→打开草绘参照□，增加圆轴的右侧面为新参照→放置旋转轴线□→绘制如图 2-48(b)所示的旋转截面→确定✔。旋转特征右端轴段如图 2-48(c)所示。

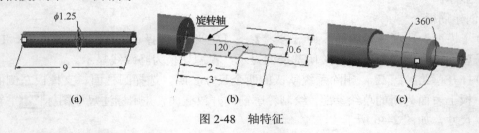

图 2-48　轴特征

step4　创建曲轴段基准面。

　　打开基准面显示，【模型】选项→基准面图标▱→选择 RIGHT 面作为偏移参照→输入偏移值 2→确定✔。新建基准面如图 2-49(a)所示。

step5　创建曲轴段。

　　(1)【模型】选项→拉伸□→选择新建基准面作为草绘面→草绘如图 2-49(b)所示的草绘截面→确定✔→双侧对称拉伸□，输入拉伸长度 1.5→确定✔。拉伸特征如图 2-49(c)所示。

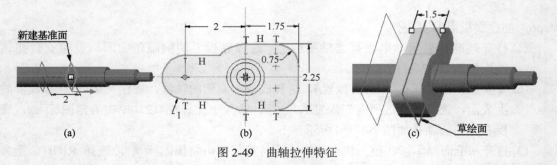

图 2-49　曲轴拉伸特征

　　(2)【模型】选项→拉伸□→仍然选择新建基准面作为草绘面→打开草绘参照□，删除

　　所有系统默认参照，增加如图 2-50(a)所示的新参照→草绘直径为 1 的圆截面→确定 ✔️→剪切✏️，确认剪切方向为截面圆的外侧→双侧对称拉伸⬛，输入拉伸长度 0.75→确定✔️。切割特征如图 2-50(b)所示。

step6　曲轴段成组。

　　在模型树选中刚才创建的曲轴段的两个拉伸特征，鼠标右键菜单选择"组"命令，将这两个特征打包成组。

step7　复制(平移和旋转)"组"特征。

　　【模型】选项→"操作"→"特征操作"→"复制"→"移动、选择、从属"→"完成"→选中模型树上的组→"确定"→"平移"→"曲线/边/轴"→选择长圆柱的轴线(箭头方向为正值方向)→"确定"→输入偏移值-4→"旋转"→"曲线/边/轴"→选择长圆柱的轴线→"确定"→输入旋转角度 180°→"完成移动"→"完成"。复制结果如图 2-50(c)所示。

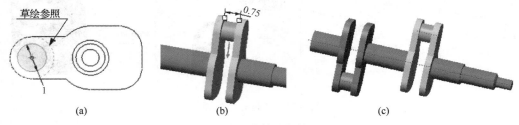

图 2-50　曲轴切割特征

练习 3　设计如图 2-53(b)所示的活塞零件。

step1　新建□→零件模块→文件名：piston→选中"使用默认模板"→【确定】。

step2　创建一个拉伸圆柱。

　　【模型】选项→拉伸⬛→选择 TOP 面作为草绘面→草绘一个直径为 40 的圆→确定✔️→输入拉伸厚度 40→确定✔️。拉伸结果见图 2-51(a)。

step3　新建一个基准面。

　　【模型】选项→基准面▱→选择 RIGHT 面作为偏移参照，输入偏移值 7→【确定】。新建基准面 DTM1 如图 2-51(b)所示。

step4　创建一个切割特征。

　　【模型】选项→拉伸⬛→剪切✏️→选择 DTM1 作为草绘面，草绘如图 2-51(c)所示的截面→确定✔️→拉伸深度：穿过所有⬛→确定✔️。切割特征如图 2-51(d)所示。

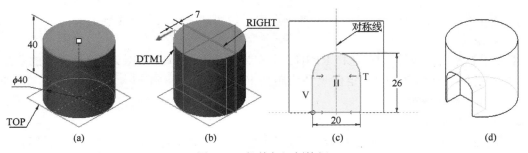

图 2-51　拉伸与切割特征

step5　镜向切割特征，如图 2-52(a)所示。

step6　创建一根基准轴。

　　【模型】选项→基准轴 ⟋ →选择如图 2-52(b)所示半圆柱面为参照面→【确定】。

step7　放置一个同轴孔。

　　【模型】选项→孔 ⟟ →选择如图 2-52(c)所示的轴线和表面作为同轴孔的两个主参照→孔深度：穿过所有 ⌇ →确定 ✓ 。

step8　抽壳。

　　【模型】选项→抽壳 ▨ →选择活塞底部表面作为排除表面→输入壳厚度为 1→确定 ✓ 。抽壳结果如图 2-52(d)所示。

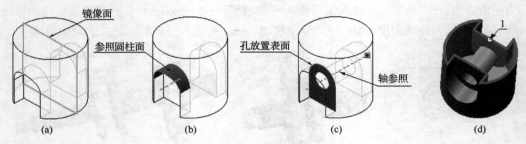

图 2-52　同轴孔与抽壳

step9　创建一个切割特征。

　　【模型】选项→拉伸 ▱ →剪切 ⟋ →选择 TOP 为草绘面，草绘如图 2-53(a)所示的截面→确定 ✓ →拉伸深度：指定到面 ⊥ →确定 ✓ 。切割特征如图 2-53(b)所示。

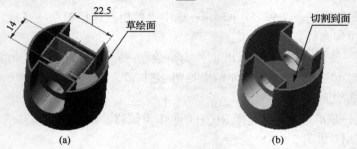

图 2-53　切割特征

练习 4　设计如图 2-55(d)所示的炉盘零件。

step1　新建 ▭ →零件模块→文件名：disk→选中"使用默认模板"→【确定】。

step2　炉条特征。

　　【模型】选项→拉伸 ▱ →选择 RIGHT 面作为草绘面→草绘如图 2-54(a)所示的矩形截面，定形尺寸为 2 和 4，定位尺寸为距离 FRONT 面 1→确定 ✓ →双侧拉伸，拉伸厚度 100→确定 ✓ 。

step3　阵列炉条特征。

　　【模型】选项→阵列 ▦ →尺寸阵列→选择定位尺寸 1 为阵列尺寸→输入尺寸增量为 6，阵列个数为 10→确定 ✓ 。阵列结果如图 2-54(b)所示。

step4　镜像阵列特征。

　　【模型】选项→在模型树上选择刚才创建的阵列特征→镜像 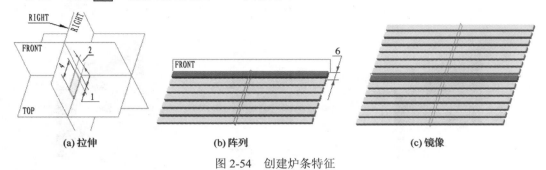→选择 FRONT 面作为镜像面→确定 ✓。镜像结果如图 2-54(c)所示。

(a) 拉伸　　　　　　　(b) 阵列　　　　　　　(c) 镜像

图 2-54　创建炉条特征

step5　创建一个切割特征。

　　【模型】选项→拉伸 ▢→剪切 ▨→选择模型上表面作为草绘面→草绘如图 2-55(a)所示的圆，截面圆的直径为 80→确定 ✓→选择剪切方向为圆的外侧，拉伸厚度：穿透 ▤▮→确定 ✓。

step6　创建一个拉伸特征。

　　【模型】选项→拉伸 ▱→选择模型上表面作为草绘面→重定新参照 ▣→选择轴线和炉条的一个顶点→草绘如图 2-55(b)所示的截面，两个圆的半径差为 12→确定 ✓→拉伸厚度：指定到面 ⏛，选择模型的下表面→确定 ✓。

step7　创建一个径向孔阵列。

　　(1)放置径向孔。

　　【模型】选项→孔 ▯→主参照：炉盘上表面；偏移参照：按住 Ctrl 选择炉盘轴线和 FRONT 面；孔的定位参数：径向半径 46，与 FRONT 面的夹角为 45°→确定 ✓。径向孔如图 2-55(c)所示。

　　(2)阵列孔。

　　【模型】选项→选择刚才创建的径向孔→阵列 ▦→阵列方式：轴→输入阵列角度 90°，阵列个数 4→确定 ✓。阵列孔如图 2-55(d)所示。

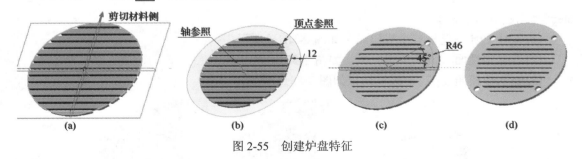

(a)　　　　　　　(b)　　　　　　　(c)　　　　　　　(d)

图 2-55　创建炉盘特征

练习 5　设计如图 2-62(b)所示的肥皂盒。

step1　新建 ▢→零件模块→文件名：soapdish→选中"使用默认模板"→【确定】。

step2　创建皂盒安装板。

【模型】选项→拉伸▢→选择 RIGHT 面作为草绘面→放置对称中心线▐，草绘对称的矩形截面(长 4，高 3.5)→确定✓→拉伸厚度 0.5→确定✓。拉伸特征如图 2-56(a)所示。

step3　【模型】选项→拉伸▢→选择 FRONT 面作为草绘面→草绘如图 2-56(b)所示的截面→确定✓→双向对称拉伸▤厚度 3→确定✓。拉伸特征如图 2-56(c)所示。

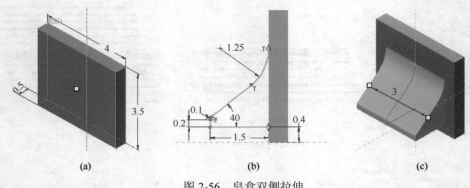

图 2-56　皂盒双侧拉伸

step4　【模型】选项→拉伸▢→剪切◪→穿透▤▤→【放置】→【定义】→选择安装板表面为草绘面→打开草绘参照▣→增加两条圆角边线与两个拉伸侧面为新参照，如图 2-57(a)→放置对称中心线▐→绘制如图 2-57(b)所示草绘截面→单击确定✓，剪切拉伸结果如图 2-57(c)所示。

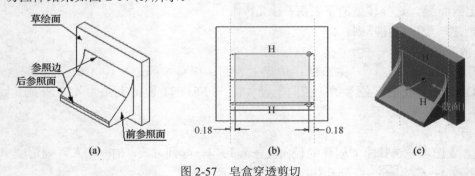

图 2-57　皂盒穿透剪切

step5　创建皂盒拔模▨。

(1)按住 Ctrl 键选择五个拔模面，如图 2-58(a)所示。

(2)选择中性面、拔模角定向面，如图 2-58(b)所示。

(3)输入拔模角度-7°，拔模结果如图 2-58(c)所示。

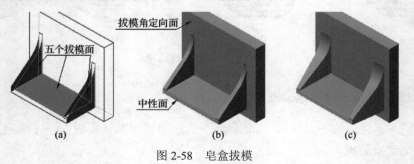

图 2-58　皂盒拔模

step6　按顺序放置倒圆角，如图 2-59 所示。

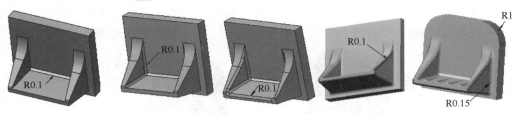

图 2-59　放置倒圆角

step7　创建拉伸特征。

（1）创建草绘基准面。

【模型】选项→基准面 → "穿过"倒圆角的一条边，按住 Ctrl 键再选择一个平行的参照面，如图 2-60（a）所示→确定 。

（2）创建拉伸特征。

【模型】选项→拉伸 →【放置】→【定义】→选择刚才新建的草绘基准面→打开草绘参照，确定一条倒角圆的边和该边的一个顶点为草绘参照，如图 2-60（b）所示。→放置对称中心线 →绘制如图 2-60（c）所示草绘截面→确定 →拉伸深度：到下一个 →确定 。

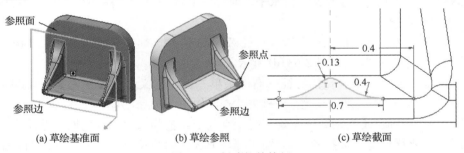

(a) 草绘基准面　　　　(b) 草绘参照　　　　(c) 草绘截面

图 2-60　创建拉伸特征

step8　在拉伸特征的前端创建一个旋转特征。

【模型】选项→旋转 →选择拉伸特征前端面作为草绘面，如图 2-61（a）所示→放置旋转轴线 →取投影边 ，绘制如图 2-61（b）所示的旋转特征的草绘截面→确定 →输入旋转角度 180°→确定 。旋转特征如图 2-61（c）所示。

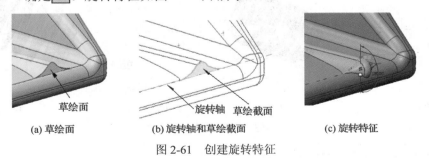

(a) 草绘面　　　　(b) 旋转轴和草绘截面　　　　(c) 旋转特征

图 2-61　创建旋转特征

step9　在模型树上按住 Shift 键，选中拉伸和旋转两个特征，鼠标右键快捷菜单选"组"命令，将拉伸和旋转两个特征打包成凸台组特征，如图 2-62（a）所示。

step10 阵列凸台组特征。

【模型】选项→在模型树上选择组特征→阵列 ▦ →阵列方式：尺寸阵列→选择阵列尺寸 0.4→输入尺寸增量 0.5，阵列个数 4 个→确定 ☑ 。凸台阵列结果如图 2-62(b)所示。

(a)　　　　　　　　　　　　(b)

图 2-62　皂盒零件

练习 6　设计如图 2-63(d)所示的压缩弹簧。

step1 新建 ☐ →零件模块→文件名：spring →选中"使用默认模板"→【确定】。

step2 放置螺旋扫描中心线，草绘弹簧轮廓线。

【模型】选项→ 螺旋扫描 𝕊 →【参考】→【定义】→选择 FRONT 面为草绘面。放置竖直的旋转中心线 ⫶ ，再放置一根水平的对称中心线→草绘如图 2-63(a)所示的螺旋扫描轮廓线→确定 ☑ 。

step3 输入节距 3.6→绘制扫描截面圆，直径 ϕ2→确定 ☑ 。螺旋扫描结果如图 2-63(b)所示。

step4 修改为变节距弹簧，如图 2-63(d)所示。

(1)在模型树上选中螺旋扫描特征→右键菜单"编辑定义"→【参考】→【编辑】→在扫描轮廓线上加上四个草绘点→确定 ☑ ，如图 2-63(c)所示。

(2)输入变节距值。【间距】→起始与终止点处节距值为 2，在其他四个草绘点处添加节距值，位置类型"按参考"，分别在屏幕上选择四个草绘点，靠近外侧的两个草绘点处节距值为 2，靠近内侧的两个草绘点处节距值为 4→确定 ☑ ，建模结果如图 2-63(d)所示。

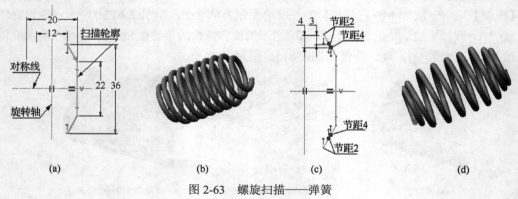

(a)　　　　　　　(b)　　　　　　　(c)　　　　　　　(d)

图 2-63　螺旋扫描——弹簧

练习 7　设计如图 2-66(c)所示的 POS 机外壳。

step1 打开 ▱ →chapter2→pos_start.prt →【打开】。屏幕上显示一条基准曲线，如图 2-64(a)所示。

step2 绘制第二条基准曲线。

【模型】选项→基准曲线〰️→选 FRONT 面为草绘面→在 FRONT 面与 TOP 面的交线处绘制一条经过原点，长度为 7.75 的直线，如图 2-64(b)所示单击确定✅。

step3 创建一个变截面扫描特征。

(1)【模型】选项→扫描🗃️→变截面扫描📝→【参考】→选择刚刚绘制的直线作为扫描主轨迹，按住 Ctrl 键选择另一根基准曲线为附加轨迹。

(2)绘制扫描截面📝→绘制如图 2-64(c)所示的截面→确定✅→确定✅。变截面扫描特征如图 2-64(d)所示。

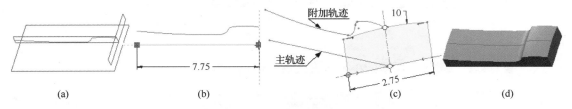

图 2-64　变截面扫描特征

step4 创建一个剪切特征。

(1)新建草绘基准面。

【模型】选项→基准面▱→选择 TOP 面，输入偏移值 1→确定✅。新建基准面如图 2-65(a)所示。

(2)创建剪切特征。

【模型】选项→拉伸▱→剪切📝→【放置】→【定义】→选择新建的基准面为草绘面→打开草绘参照🔲→增加一个新参照，放置对称中心线▮→绘制如图 2-65(b)所示草绘截面→确定✅→输入剪切深度 0.6→确定✅。

step5 【模型】选项→倒圆角🔽→圆角半径分别为 R0.3、R0.1 和 R0.05。倒圆角结果如图 2-65(c)所示。

step6 【模型】选项→抽壳▣→选择移除底面→壳厚度 0.05→确定✅。抽壳结果如图 2-65(d)所示。

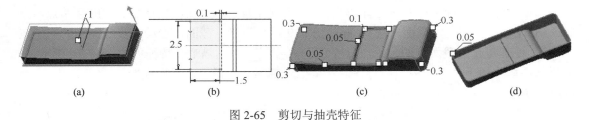

图 2-65　剪切与抽壳特征

step7 创建按键孔阵列。

(1)创建一个按键孔特征。

【模型】选项→拉伸▱→剪切📝→穿透▮▮→【放置】→【定义】→选择新建的基准面为草绘面→打开草绘参照🔲→增加二个按键孔的定位参照→绘制如图 2-66(a)所示草绘截面→确定✅→确定✅。

（2）阵列按键孔。

【模型】选项→选中按键孔→阵列▦→阵列方式：尺寸阵列→第一方向阵列尺寸 0.5，尺寸增量 0.7，阵列个数 4 个→第二方向阵列尺寸 0.2，尺寸增量 0.8，阵列个数 3 个→确定✓。阵列结果如图 2-66（b）和如图 2-66（c）所示。

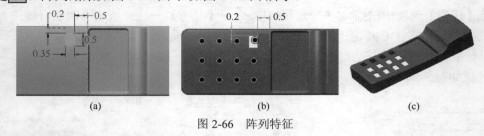

图 2-66　阵列特征

练习 8　设计如图 2-69（d）所示的小汽车进气道零件。

step1　打开📁→chapter2→intake_port_start.prt→【打开】，屏幕上显示三条基准曲线、二个曲面和两个基准点，如图 2-67（a）所示。

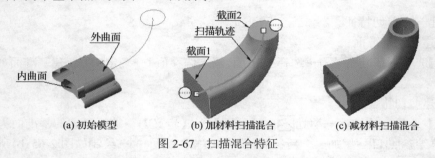

图 2-67　扫描混合特征

step2　隐藏外曲面和内曲面特征。选中模型树上的外曲面和内曲面特征，在鼠标右键菜单选择"隐藏"。

step3　创建一个扫描混合特征。

（1）【模型】选项→扫描混合🔧→【参考】→选择曲线标识 2718 特征为扫描轨迹，注意轨迹的起点与终点。

（2）【截面】→选定截面→选择曲线标识 25 特征为起点截面，注意截面上的起始点。

（3）【插入】→选定截面→选择曲线标识 39 特征为终点截面，拖动终点截面上的起始点使其与起点截面上的起始点位置匹配→确定✓。扫描混合特征如图 2-67（b）所示。

step4　在模型树上，选中内曲面特征，在鼠标右键菜单选择"取消隐藏"。

step5　创建一个减材料扫描混合特征。

（1）【模型】选项→扫描混合🔧→剪切⟋→模型切换成"隐藏线显示"。

（2）【参考】→选择曲线标识 2718 特征为扫描轨迹，注意轨迹的起点与终点。

（3）【截面】→草绘截面→使用投影边□绘制起点处的草绘截面→"链"，选择内曲面大头的一段边线，再选相邻的一段，→单击"下一个"，系统询问"转换为环？"→【是（Y）】→调整截面上的起始点→确定✓。

（4）【插入】→草绘截面→使用偏移边□绘制终点处的草绘截面→"链"，选择圆周曲线的一段边线，再选相邻的一段，单击"下一个"，系统询问"转换为环？"→【是

（Y）】→输入偏移距离–0.125，注意截面上的起始点→确定▣。减材料扫描混合特征如图 2-67（c）所示。

step6　创建模型左端的安装孔。

(1) 在模型树上，选中外曲面特征，鼠标右键菜单选择"取消隐藏"。

(2)【模型】选项→拉伸▣→【放置】→【定义】→选择模型左端面为草绘面→定向草绘面▣→模型切换为"消隐线显示"→使用投影边工具▣，绘制如图 2-68（a）所示草绘截面→确定→输入拉伸深度 0.5→确定▣。

(3) 创一根建基准轴▣。结果如图 2-68（b）所示。

(4) 在基准轴上放置一个同轴孔▣，孔径⌀0.3，深度到指定面▣。结果如图 2-68（c）所示。

(5) 将拉伸、轴线和同轴孔打包成组。

(6) 创建镜像面。

【模型】选项→基准面▱→穿过基准点 PNT0，平行 FRONT 面→确定。结果如图 2-68（d）所示。

(7) 镜像该组。

【模型】选项→在模型树上选择组特征→镜像▣→确定▣。结果如图 2-68（e）所示。

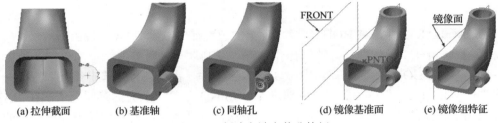

　(a) 拉伸截面　　　(b) 基准轴　　　(c) 同轴孔　　　(d) 镜像基准面　　　(e) 镜像组特征

图 2-68　创建左端安装孔特征

step7　创建模型右端的安装孔。

(1)【模型】选项→拉伸▣→【放置】→【定义】→选择模型右端面为草绘面→定向草绘面▣，打开草绘参照▣→选择扫描轨迹曲线的终点和曲线标识 39 为草绘参照→过参照点放置竖直对称中心线→绘制如图 2-69（a）所示草绘截面→确定▣→拉伸深度 0.3→确定▣。

(2) 创建基准轴▣。

(3) 在基准轴上放置一个同轴孔▣，孔径⌀0.25，深度到指定面▣，如图 2-69（b）所示。

(4) 将拉伸、轴线和同轴孔打包成组。

(5) 创建一根旋转轴▣，穿过轨迹线端点，与轨迹线相切，如图 2-69（c）所示。

(6) 阵列复制组。阵列▦，将组进行绕轴方式的旋转阵列，阵列角度 120°，阵列个数 3 个，如图 2-69（d）所示。

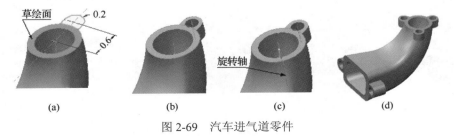

　　(a)　　　　　　(b)　　　　　　(c)　　　　　　(d)

图 2-69　汽车进气道零件

练习 9　从 HOUSING 零件复制几何到 BAR 零件。

step1　打开 ▢→chapter2→HOUSING.PRT，HOUSING 零件见图 2-70(a)。

step2　打开 ▢→chapter2→BAR.PRT，BAR 零件见图 2-70(b)。

step3　激活 ▣HOUSING 零件，将需要复制到 BAR 零件的几何特征打包成组。

【模型】选项→选中模型树上第六个特征到第十个特征，如图 2-70(c)所示→鼠标右键选择菜单"组"命令。

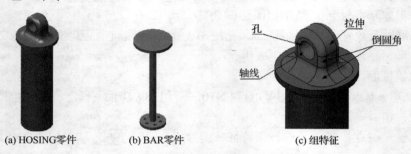

(a) HOSING零件　　　　(b) BAR零件　　　　　　(c) 组特征

图 2-70　原始模型与复制几何组

step4　激活 ▣BAR 零件，将 HOUSING 零件上的组特征复制到 BAR 零件上。

【模型】选项→"操作"→"特征操作"→"复制"→"新参考，不同模型，独立"→"完成"→在 HOUSING 窗口选中 HOUSING 零件→在模型树上选中"组"特征→"完成"→"相同尺寸"→"完成"→对应 HOUSING 零件上加亮的参照，依次在 BAR 零件上指定替换的新参照，如图 2-71(a)、(b)所示→使用"反向"切换拉伸草绘面的箭头方向，使其与 HOUSING 零件上草绘面的箭头方向一致→"完成"，复制结果如图 2-71(c)所示。

(a) 原始参照　　　　　(b) 新参照　　　　　(c) BAR零件

图 2-71　BAR 零件

第3章

Creo Parametric 曲面设计

Creo Parametric 的曲面特征又称为面组特征。面组是零厚度、无物理属性的非实体特征。Creo Parametric 的面组特征主要应用于使用实体特征建模比较麻烦的复杂零件。例如，由边界定义的曲面可以产生起伏弯曲的曲面，像这类复杂几何若使用实体特征就无法通过简单的操作来实现。

3.1 曲面类型

通常 Creo Parametric 的曲面主要有三种：基准面特征、实体表面特征和面组特征。如图 3-1 所示。

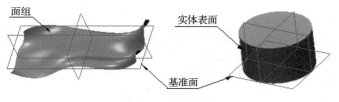

图 3-1 曲面类型

选择基准面时，选择过滤器可切换成"基准"，选择箭头应该移至基准面的边界处进行选择。

选择实体表面时，选择过滤器切换成"几何"，选择箭头移至实体表面的区域内部进行选择。

选择面组时，过滤器切换成"面组"，选择箭头移至面组的区域内部进行选择。

3.2 创建面组

面组特征拓展了 Creo Parametric 的实体建模能力，故 Creo Parametric 系统提供了丰富的面组创建方法。

3.2.1 生成特征创建面组

采用拉伸、旋转、混合、扫描生成特征里的"曲面"选项，可以创建 Creo Parametric 的基本面组特征，如图 3-2～图 3-4 所示。

图 3-2　拉伸、旋转、扫描面组

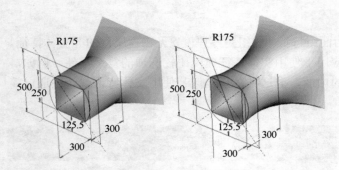

图 3-3　平行混合面组

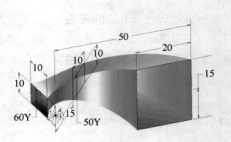

图 3-4　旋转混合面组

3.2.2　复制创建面组

通过复制已有的实体表面，可以创建 Creo Parametric 的基本面组特征。复制后再粘贴，所创建的面组直接放置在所选择的实体表面上。

可以使用以下几种方法来选择实体表面：

(1) 单曲面。一次只能选择一个表面，按住 Ctrl 键可向选择集里添加更多的表面。

(2) 种子和边界曲面。通过定义种子面和边界面来一次选择边界域内的多个曲面。

(3) 环曲面。通过选择一个面的环边来定义该面的环曲面。

(4) 所有实体曲面。通过选择一个实体来选择该实体的所有表面。

图 3-5(a) 中所示的模型有两个拉伸特征，若要对底板上面的凸台曲面(凸台上表面和凸台的四个侧面)使用复制的方式创建如图 3-5(e) 所示的面组，其不同选择表面的方式如图 3-5(b)、(c)、(d) 所示。

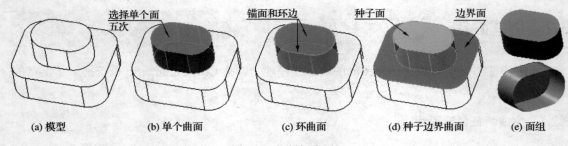

图 3-5　复制创建面组

通过复制创建面组有一个"排除曲面填充孔"选项，该选项的作用如图 3-6 所示。

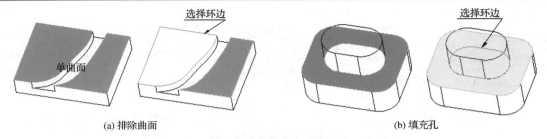

图 3-6　复制曲面"排除曲面填充孔"选项

3.2.3　偏移创建面组

通过将面组或实体表面进行偏移操作，可以创建一个面组，该面组保持了参照曲面的几何形状。

【模型】选项→偏移 。

偏移操作一次只能偏移一个面，如果一次要偏移多个曲面，需要通过复制先将曲面集生成面组，然后偏移该面组。

偏移曲面有三个选择项，分别是"垂直曲面、自动拟合和控制拟合"，系统的默认选项是"垂直曲面"。

图 3-7(a)所示曲面在最高点处有最小曲率半径 1.6。如果向内侧偏移该曲面，当偏移距离大于 1.6，系统就会出错，见图 3-7(b)。如果偏移距离大于曲面的最小曲率半径，就需要选择"自动拟合"或"控制拟合"选项，图 3-7(b)显示的是偏移距离 2.5，偏移同一个参照曲面，因为采用了"自动拟合"选项，偏移距离就可以大于参照曲面的最小半径。

(a) 参照曲面　　　　　(b) "垂直曲面"选项偏移距离1.6　　　　　(c) "自动拟合"选项偏移距离2.5

图 3-7　偏移曲面选项

3.2.4　边界定义面组

边界定义面组是一种非常灵活、方便和高效的创建面组方法。

【模型】选项→边界定义曲面 。

(1)边界种类。可以用作边界的有实体的边、其他面组的边、基准曲线和基准点。

(2)混合方式。边界定义面组分为沿一个方向混合和沿两个方向混合两种混合方式，如图 3-8 所示。如果是沿两个方向的边界定义的混合面组，其边界必须是首尾相接的边界环。

(3)边界约束。边界定义面组提供四种边界约束情况，这四种约束分别是"自由、相切、垂直和曲率连续"。

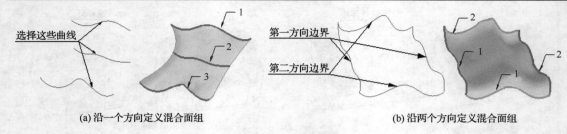

(a) 沿一个方向定义混合面组　　　　　　　　　　(b) 沿两个方向定义混合面组

图 3-8　边界定义混合面组

（4）影响曲线。边界定义面组的形状主要由边界曲线进行控制，Creo Parametric 系统还提供了"影响曲线"选项，可以选择任意数量的曲线或边链，通过设定影响因子(0-1)来使混合面组逼近影响曲线。图 3-9 分别显示了影响因子分别为 1、0.5 和 0.01 时的混合面组。

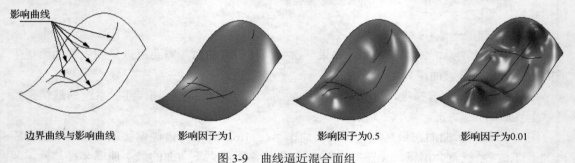

边界曲线与影响曲线　　　　影响因子为1　　　　影响因子为0.5　　　　影响因子为0.01

图 3-9　曲线逼近混合面组

3.3　面组操作

使用面组进行建模设计时，为了满足设计需求，常常需要对面组进行延伸、裁剪和合并等操作。

3.3.1　面组延伸

选择过滤器切换为"几何"选项，选择需要延伸的面组的边界线。

【模型】选项→延伸▐➡。系统就可以从此边线开始延伸曲面。

1. 面组延伸特性

相同曲面：子曲面与父曲面连续。

相切曲面：子曲面与父曲面相切。

沿方向：子曲面垂直延伸至指定平面。

逼近曲面：使用边界混合延伸曲面。

2. 延伸距离

指定单一距离；

指定可变距离；

沿侧边测量距离；

垂直边界测量距离。

面组的延伸情况见图 3-10。其中：

A 面：相同曲面、单一距离。

B 面：沿方向、至平面。

C 面：相切曲面、单一距离、垂直边界测量距离。

D 面：相同曲面、可变距离、沿侧边测量距离。

(a) 原始曲面　　　　(b) 曲面延伸

图 3-10　面组延伸

3.3.2　面组裁剪

选择过滤器切换为"面组"选项，选择需要裁剪的面组。

【模型】选项→裁剪 。

面组的裁剪方式主要有以下几种：

(1) 拉伸、旋转、混合、扫描等方式切割现有面组。

(2) 使用一个面组切割现有面组。

(3) 使用基准曲线切割现有面组。

(4) 侧面轮廓线切割现有面组 。使用与参照平面垂直的视图方向的最大轮廓线修剪面组。

面组的裁剪情况见图 3-11。

原始模型　　　　面组剪切　　　　基准曲线剪切　　　　拉伸剪切　　　　最大轮廓线剪切

图 3-11　面组裁剪切

3.3.3　面组合并

无论是生成特征创建的面组，或是复制偏移创建的面组，还是边界定义的面组，都是独立的面组。Creo Parametric 系统的面组合并功能可以把几个独立的面组合并成为一个面组。

选择过滤器切换为"面组"选项，选择的第一个面组为主面组，按住 Ctrl 键选择另一个独立面组为附加面组，【模型】选项→合并 ，就可以将附加面组合并到主面组上。

1. 合并对象

相邻或相交两个独立的面组可以合并，见图 3-12。

2. 选择合并侧

无论是相邻还是相交的两个独立面组，如果在交线的两侧都有曲面，合并时必须指定需要保留的一侧。图 3-13 所示为两个独立的相交面组在合并操作时，在指定面组的保留侧时有四种可能的选择。

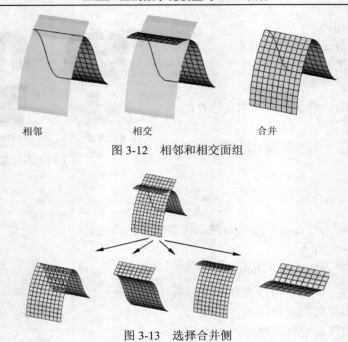

图 3-12　相邻和相交面组

图 3-13　选择合并侧

3.4　面组应用

面组特征是非实体特征，但它可以用来完成一些仅靠实体特征无法完成的一些建模工作。面组在实体建模中的应用主要有以下几方面：

(1) 开放面组加厚变成薄壁零件。

(2) 使用面组来操作实体表面(如曲面替换、曲面片等)。

(3) 使用面组切割实体。

(4) 使用偏移面组抽壳实体模型的某个部分。

3.4.1　面组转换成实体

开放面组和闭合面组可以通过不同的方式转换成实体。

1.　开放面组

选择过滤器切换为"面组"选项，选择一个开放的面组，【模型】选项→加厚▢，在面组上添加材料厚度，面组就转换成实体特征，如图 3-14 所示。

面组特征　　实体特征　　零件模型　　　　　　面组特征　　　实体特征

图 3-14　开放面组转换成实体特征

2．闭合面组

选择过滤器切换为"面组"选项，选择一个闭合的面组，【模型】选项→实体化 ，面组就转换成实体特征，如图 3-15 所示。

面组特征　　　　　　　面组特征　　　　　　合并两个面组　　　　　　实体特征
拉伸、曲面选项封闭端　　拉伸、曲面选项封闭端　　　　　　　　　　　　　面组实体化

图 3-15　闭合面组转换成实体特征

3.4.2　面组替换实体表面

用面组或基准平面替换一个单一的实体零件表面。面组替换可同时向实体特征上加材料和减材料。

选择过滤器切换为"几何"选项，选择一个实体表面，【模型】选项→曲面偏移 →曲面替换 →选择一个替换的面组→确定 。该实体的表面就由面组替换了，如图 3-16 所示。

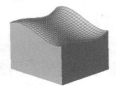

实体和面组　　　　　面组替换实体上表面　　　　实体和面组　　　　面组替换实体上表面

图 3-16　面组替换实体表面

3.4.3　面组修改实体表面

当面组的所有边界都位于一个实体的表面上时，该面组称为曲面片。可以用曲面片面组一次性修改实体特征的一个或多个实体表面。

选择过滤器切换为"面组"选项，选择一个曲面片面组，【模型】选项→实体化 →在实体零件上指定材料保留侧→确定 。曲面片就可以一次性修改实体零件的多个表面，如图 3-17 所示。

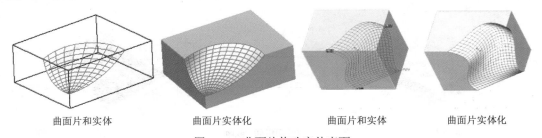

曲面片和实体　　　　　曲面片实体化　　　　　曲面片和实体　　　　　曲面片实体化

图 3-17　曲面片修改实体表面

3.4.4　面组切割实体零件

可以使用面组作为刀具来切割实体零件，由于面组形状多变复杂，它可以完成一些靠拉伸、旋转等减材料生成特征无法有效完成复杂形状的切割，如图 3-18 所示。

　　　　　切割面组和模型　　　　　　　　　　选择不同材料侧的切割结果

图 3-18　面组切割

选择过滤器切换为"面组"选项，选择剪切面组，【模型】选项→实体化 ☑ →剪切 ☑ →在实体零件上指定材料保留侧→确定 ☑。面组就可以切割实体零件了，如图 3-19 所示。

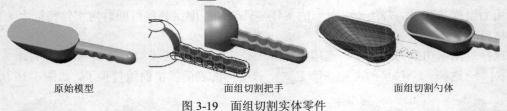

　　　原始模型　　　　　　　　　　面组切割把手　　　　　　　　面组切割勺体

图 3-19　面组切割实体零件

3.5　本章实例练习

练习 1　机体零件设计。

step1　新建 ☐ →零件模块→文件名 surf_cut.prt →选中"使用默认模板"→确定 ☑。

step2　创建底板。

　　【模型】选项→拉伸 ☐ →选择 TOP 面作为底板草绘面→在尺寸参照上放置竖直和水平对称中心线 ☐，拉伸底板如图 3-20(a) 所示。

step3　创建拉伸面组。

　　【模型】选项→拉伸 ☐ →曲面选项 ☐ →选择底板前表面作为草绘面→增加草绘参照 ☐ →绘制如图 3-20(b) 所示的草绘截面→确定 ☑ →拉伸深度 ☐ 指定到底板后表面→确定 ☑。如图 3-20(c) 所示。

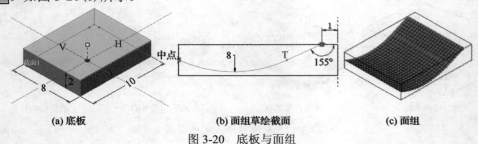

　　　(a) 底板　　　　　　　　　(b) 面组草绘截面　　　　　　(c) 面组

图 3-20　底板与面组

step4　创建减材料拉伸。

　　【模型】选项→拉伸📷→剪切◪→选择底板的上表面作为草绘面→增加草绘参照📐及对称中心线⋮→绘制如图 3-21（a）所示的草绘截面→确定✅→拉伸深度⊞指定到面组→确定✅。机体零件 surf_cut.prt 如图 3-21（b）所示。

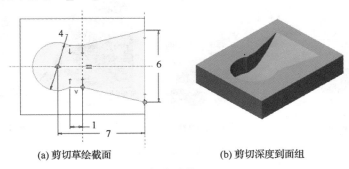

(a) 剪切草绘截面　　　　　　　(b) 剪切深度到面组

图 3-21　机体零件 surf_cut.prt

练习 2　完成鼠标零件设计。

step1　打开📂→chapter3→零件 mouse_start.prt。

　　转动模型观察，屏幕上有三个独立的面组，重定向📷视图方向为"VIEW1"，如图 3-22（a）所示。

step2　合并两个侧面面组，如图 3-22（b）所示。

　　【模型】选项→按住 Ctrl 键，选择两个侧面面组→合并◷→确定✅。

step3　使用"相同"选项延伸合并面组，如图 3-22（c）所示。

　　选择过滤器切换为"几何"选项，选择合并面组的上边界，【模型】选项→延伸➡→【参考】→【细节】→【基于规则】：相切，相同📖、等距选项，延伸长度 10→确定✅。延伸结果如图 3-22（c）所示。

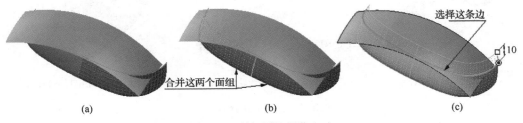

(a)　　　　　　　　　(b)　　　　　　　　　(c)

图 3-22　鼠标面组操作（一）

step4　用相切选项延伸鼠标顶面面组。如图 3-23（a）所示。

　　重定向📷视图方向为"VIEW2"，发现鼠标上顶面的右侧需要延长。【模型】选项→延伸➡，相切、等距延伸长度 10→确定✅。

step5　沿着 TOP 面的法矢方向向前移动侧面面组。

　　【模型】选项→【编辑】→扭曲▨→参考：选择侧面面组→方向：选择 TOP 面→启动变换工具📐→按住 Alt 键在屏幕背景上拖动，进行法向移动→【选项】：输入 Z 坐标为 4→确定✅，变换结果如图 3-23（b）所示。

step6　补全侧面面组因为前移与 TOP 面间所产生的间隙。

选择侧面面组的一个侧边界，【模型】选项→延伸 ⊞→延伸到面 ⊡→选择 TOP 面→确定 ☑。再对另一条侧边作同样的延伸。如图 3-23(c) 所示。

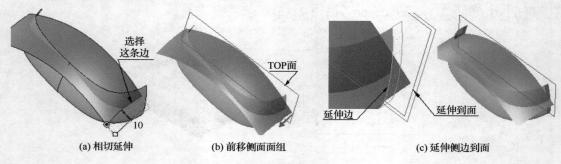

(a) 相切延伸　　　　　　(b) 前移侧面面组　　　　　　(c) 延伸侧边到面

图 3-23　鼠标面组操作(二)

step7　合并鼠标侧面面组与顶面面组。

按住 Ctrl 键，选择鼠标侧面面组与顶面面组，【模型】选项→合并 ⊙→确定 ☑。合并结果如图 3-24(a) 所示。

step8　沿 FRONT 面法矢方向用最大轮廓线裁剪鼠标面组。

选择鼠标面组，【模型】选项→裁剪 ⊡→选择 FRONT 面，使用轮廓线裁剪 ⊡→确定 ☑。裁剪结果如图 3-24(b) 所示。

step9　延伸鼠标面组的裁剪边至 FRONT 面。

选择过滤器切换为"几何"选项，选择裁剪边，【模型】选项→延伸 ⊞→【参考】→【细节】→【基于规则】：相切→确定 ☑，延伸到面 ⊡，选择 FRONT 面。延伸结果如图 3-24(c) 所示。

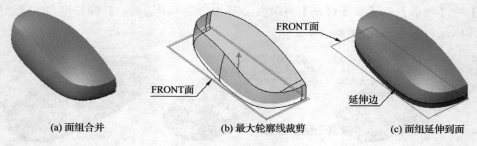

(a) 面组合并　　　　　　(b) 最大轮廓线裁剪　　　　　　(c) 面组延伸到面

图 3-24　鼠标面组操作(三)

step10　镜像并合并鼠标面组。

【模型】选项→选择鼠标面组→镜像 ⊞→选择镜像面 TOP 面→确定 ☑，镜像结果如图 3-25(a) 所示。

【模型】选项→按住 Ctrl 键选择鼠标前后两个面组→合并 ⊙→确定 ☑。

step11　给鼠标面组倒圆角，圆角半径 3，如图 3-25(b) 所示。

step12　将鼠标面组转换成实体。

【模型】选项→选择鼠标面组→加厚 ⊡：厚度 2→确定 ☑，结果如图 3-25(c) 所示。

(a) 镜像　　　　　　　　(b) 合并、倒圆角 R3　　　　　　　(c) 加厚、厚度 3

图 3-25　鼠标零件 mouse.prt

练习 3　完成机箱零件设计。

step1　打开机箱模型 planter.prt，观察屏幕上预先构建的模型特征，然后隐藏含有两个面组的图层。

(1) 打开▱→chapter3→零件 planter.prt，如图 3-26(a) 所示。

(2) 观察到模型中已预先构建了一个拉伸面组和平整面组。

(3) 隐藏含有两个面组的 SURFACES 图层。

单击模型树/图层切换▤→图层。选择 SURFACES 图层，在鼠标右键菜单选择"隐藏"。

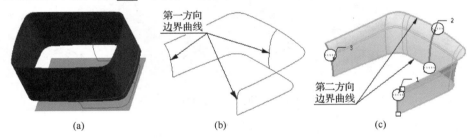

图 3-26　机箱模型 planter.prt

step2　使用基准曲线创建一个由边界定义的面组。

【模型】选项→边界定义曲面▨→选择第一方向三根边界曲线，如图 3-26(b) 所示。选择第二方向两根边界曲线→确定▣。由边界定义的面组如图 3-26(c) 所示。

step3　因为要将该面组镜像到 FRONT 面的另一侧，在连接处为了获得较好的连续性，将第一方向的边界情况定义为与 RIGHT 面"垂直"，如图 3-27 所示。

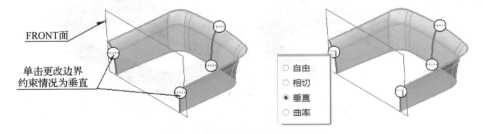

图 3-27　定义边界与镜像面垂直

step4　重新编辑定义边界定义的面组。使用控制点帮助移除面组上低质量的曲面。

(1) 在模型树上选中边界定义的面组，在鼠标右键菜单上选择"编辑定义"。

（2）【控制点】→定义第一方向控制点，依次选择第一方向的三个控制点，如图 3-28 所示。

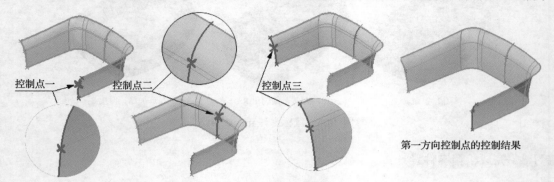

图 3-28　第一方向控制点

（3）继续定义第二方向控制点，上边界曲线的第二个顶点开始，选择上边界曲线和下边界曲线一对对应点形成一个控制点集，沿着曲线再选择下一个顶点对建立第二个控制点集，依次类推，共建立四个控制点集，如图 3-29 所示。

图 3-29　第二方向控制点

step5　使用镜像面 FRONT 面镜像面组。

【模型】选项→选择边界定义的面组→镜像 ▌▌→选择 FRONT 面→确定 ✓，镜像结果如图 3-30（a）所示。

step6　合并两个面组。

【模型】选项→按住 Ctrl 键，选择两个镜像面组→合并 ⟳→确定 ✓。合并结果如图 3-30（b）所示。

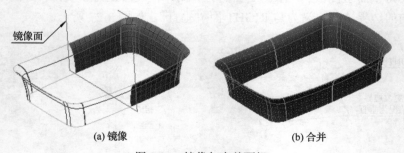

(a) 镜像　　　　　　　　　　　　(b) 合并

图 3-30　镜像与合并面组

step7　完成机箱零件

（1）取消隐藏含有两个面组的 SURFACES 图层。

单击模型树/图层切换 ▤ →图层。选择 SURFACES 图层，在鼠标右键菜单选择"取消隐藏"。

(2) 依次合并机箱的三个面组。【模型】选项→合并 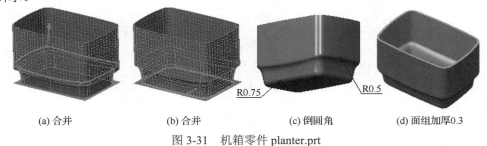 →确定 ✓。注意选择需保留的材料侧，如图 3-31(a)、(b)所示。

(3) 给机箱面组倒圆角，上面一条边链的圆角半径 0.5，下边一条边链的圆角半径 0.75，如图 3-25(c)所示。

(4) 将机箱面组转换成实体。

选择机箱面组，【模型】选项→加厚 □：厚度 0.3→确定 ✓，机箱加厚结果如图 3-31(d)所示。

| (a) 合并 | (b) 合并 | (c) 倒圆角 | (d) 面组加厚0.3 |

图 3-31　机箱零件 planter.prt

练习 4　三段圆管混合设计。

step1　打开 📁→chapter3→模型 blend_tubes.prt。

　　　本练习开始模型如图 3-32(a)所示，完成零件如图 3-32(b)所示。

step2　在 A 管和 B 管之间创建基准点和基准曲线。

　　(1) 单击 □，模型切换成"消隐"显示模式，如图 3-33(a)所示。

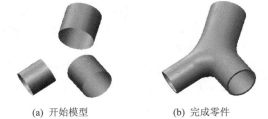

(a) 开始模型　　　(b) 完成零件

图 3-32　开始模型与完成零件

　　(2) 在管 A 和 B 管上创建基准点。创建基准点 ✕→顶点：选择 A 管的边，"在其上"→顶点：选择 B 管的边，"在其上"→确定 ✓。基准点的位置如图 3-33(b)所示。

　　(3) 创建连接两个基准点的基准曲线。【模型】选项→通过点基准曲线 〜→选择点 PNT27，按住 Ctrl 键再选择点 PNT28，结果如图 3-33(c)所示。

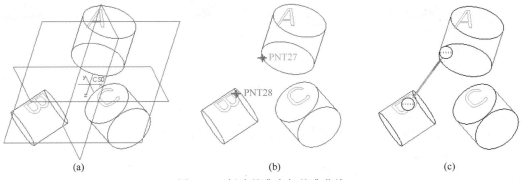

(a)　　　　　　　(b)　　　　　　　(c)

图 3-33　创建基准点与基准曲线

step3　定义样条曲线在起点处与 A 管曲面相切、与 A 管的边垂直；在终点处与 B 管曲面相切、与 B 管的边垂直。

(1)【末端条件】→定义起点→终止条件"相切",相切于 A 管曲面→"使终止曲线垂直"垂直于 A 管的边,切换箭头方向如图 3-34(a)所示。

(2)【末端条件】→定义终点→终止条件"相切",相切于 B 管曲面→"使终止曲线垂直"垂直于 B 管的边,切换箭头方向如图 3-34(b)所示。

(3)确定✔。基准曲线结果如图 3-34(c)所示。

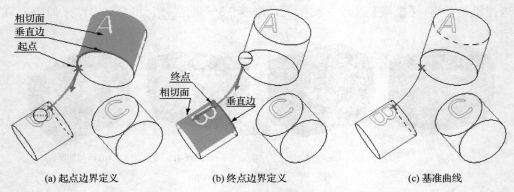

(a) 起点边界定义　　　　　　　　(b) 终点边界定义　　　　　　　(c) 基准曲线

图 3-34　创建连接 A、B 面的样条曲线

step4　采用与上述相同的方法可定义一系列的基准点和样条曲线,这些样条曲线作为曲面边界可以定义一系列的曲面来连接 A 管、B 管和 C 管三个曲面。下一步操作所需要的基准点和样条曲线已创建并保存在被隐藏的 POINTS-CURVES 图层。

(1)切换视图方向 View 1。

(2)显示 POINTS-CURVES 图层。

单击模型树/图层切换▦→图层。选择 POINTS-CURVES 图层,在右键菜单选择"取消隐藏"。如图 3-35(a)所示。

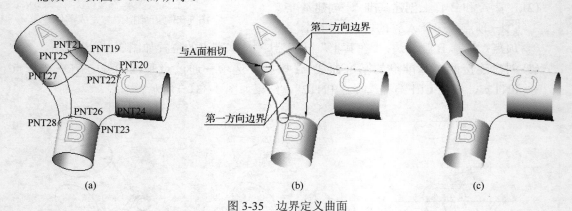

(a)　　　　　　　　　　　　(b)　　　　　　　　　　　　(c)

图 3-35　边界定义曲面

step5　用两条样条曲线和 A 管、B 管的部分曲面边作为曲面边界来定义曲面。

(1)定义边界曲面。

【模型】选项→边界定义曲面▨。

【曲线】:选择第一方向两根样条曲线,选择第二方向两根 A 面和 B 面的边界曲线,如图 3-35(b)所示。

(2)定义曲面边界条件。

【约束】：将第二方向 A 面边的边界条件定义为与 A 面相切，B 面边的边界条件定义为与 B 面相切→确定✓，如图 3-35(c)所示。

step6　使用相同的方法可以在 A 管和 C 管之间创建第二个连接曲面。为了方便起见，这个曲面已经创建并存放在了隐藏的 Surface 图层。将 Surface 图层取消隐藏，如图 3-36(a)所示。

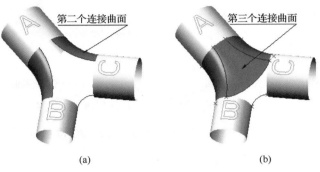

(a)　　　　　　　　　　　　　　　　(b)

图 3-36　连接曲面

step7　为了创建如图 3-36(b)所示的第三个连接曲面，需创建一根连接 B 管和 C 管的曲线。

(1)创建连接两个基准点的基准曲线。

【模型】选项→通过点基准曲线～。

【放置】→选择点 PNT26，按住 Ctrl 键再选择点 PNT22，如图 3-37(a)所示。

(2)定义样条曲线的边界条件。

【末端条件】→在起点与终点处分别与连接曲面相切，并与连接曲面的边垂直。注意切换起点和终点的箭头方向如图 3-37(b)、(c)所示。

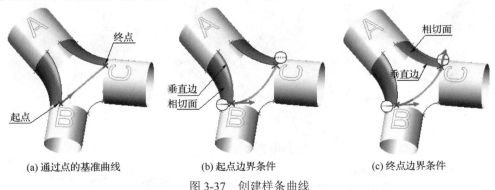

(a)通过点的基准曲线　　　　　　(b)起点边界条件　　　　　　(c)终点边界条件

图 3-37　创建样条曲线

step8　创建第三个连接曲面。

(1)定义边界曲面。

【模型】选项→边界定义曲面。

【曲线】：选择第一方向两条连接曲面的边，选择第二方向 A 面的边和样条曲线，如图 3-38(a)所示。

(2)定义曲面边界条件，使其与三个相连接的面相切。

【约束】：将第一方向的边界条件定义为与连接曲面相切，第二方向的管 A 曲面的边定义为与 A 曲面相切→确定 ✓，如图 3-38(b)所示。

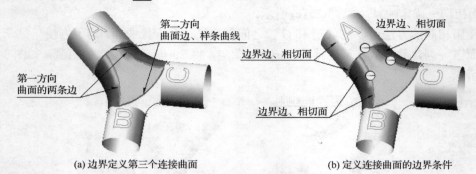

(a) 边界定义第三个连接曲面　　　　　　　　　　　(b) 定义连接曲面的边界条件

图 3-38　创建第三个连接曲面

step9　为了创建第四个连接曲面，需要先创建一条连接 PNT26 和 PNT22 的新样条曲线。

(1) 创建连接两个基准点的基准曲线。

【模型】选项→通过点基准曲线 ∿

【放置】→选择点 PNT26，按住 Ctrl 键再选择点 PNT22，如图 3-39(a) 所示。

(2) 定义样条曲线的边界条件。

【末端条件】→在起点与终点处都与 B 管和 C 管的曲面相切，并与 B 管和 C 管的边垂直。注意切换起点和终点的箭头方向如图 3-39(b)、(c) 所示。

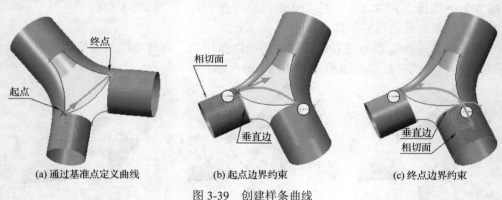

(a) 通过基准点定义曲线　　　　(b) 起点边界约束　　　　(c) 终点边界约束

图 3-39　创建样条曲线

step10　创建一条投影基准曲线，如图 3-40 所示。

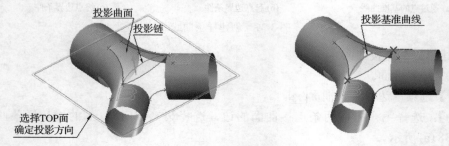

图 3-40　创建投影基准曲线

　　【模型】选项→创建投影基准曲线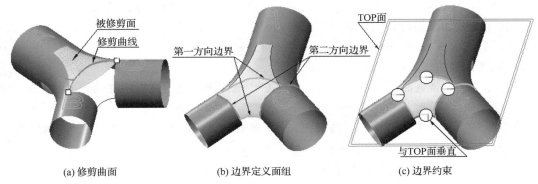→投影曲面：选择第三个连接面→投影方向："沿方向"选择 TOP 面→【参考】→投影链：选择刚才创建的样条曲线→确定✓。

step11　用投影基准曲线裁剪第三个连接曲面。

　　【模型】选项→选中第三个连接曲面→修剪曲面→修剪边：投影基准曲线→切换保留材料侧箭头如图 30-41(a)所示。

step12　在 B 管和 C 管之间创建第四个连接曲面。

　　(1)定义边界曲面。【模型】选项→边界定义曲面。

　　【曲线】：选择第一方向两条样条曲线，选择第二方向 B 面的边和 C 面的边，如图 3-41(b)所示。

　　(2)定义曲面边界条件，使其与三个相连接的面相切。

　　【约束】：将第一方向的一个边界条件定义为与第三连接曲面相切，另一个边界条件定义为与 TOP 面垂直；第二方向的管 A 曲面的边定义为与 A 曲面相切，管 C 曲面的边定义为与 C 曲面相切→确定✓，如图 3-41(c)所示。

　　　(a) 修剪曲面　　　　　　　　(b) 边界定义面组　　　　　　　　(c) 边界约束

图 3-41　创建第四个连接曲面

step13　合并四个连接曲面，得到上半个三管混合面组。如图 3-42(a)所示。

　　【模型】选项→按住 Ctrl 键选择四个连接面组→合并→确定✓。

step14　镜像上半个三管混合面组，镜像面 TOP 面，如图 3-42(b)所示。

step15　合并模型中所有的面组(上、下连接面组、A 面、B 面和 C 面)，如图 3-42(c)所示。

step16　给三管混合面组加厚转成实体零件。

　　【模型】选项→加厚，如图 3-42(d)所示。

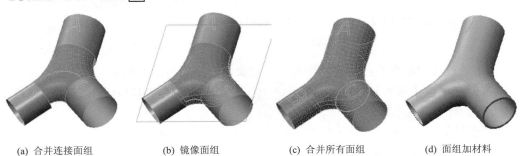

　(a) 合并连接面组　　　　(b) 镜像面组　　　　(c) 合并所有面组　　　　(d) 面组加材料

图 3-42　三圆管混合零件 blend_tubes.prt

练习5　完成塑料瓶设计。

step1　打开 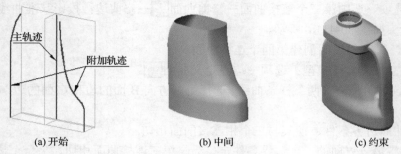→chapter3→模型 bottle_start.prt。塑料瓶的设计过程如图 3-43 所示。

图 3-43　塑料瓶 bottle_start.prt 设计

（图中标注）主轨迹　附加轨迹　(a) 开始　(b) 中间　(c) 约束

　　如图 3-43（a）所示，开始模型含有三条用于扫描的轨迹曲线。另外，从模型树上看到有一个名为"CONIC"的图形基准，该图形基准将被用来控制变截面扫描特征。

step2　使用变截面扫描特征构建塑料瓶的前表面面组，如图 3-44（b）所示。

【模型】选项→扫描 →曲面 →变截面扫描 →

（1）选择轨迹曲线。

【参考】：选择竖直曲线作为主轨迹，按住 Ctrl 键再选择其他两根附加轨迹曲线。

（2）草绘截面。

草绘截面 →绘制的截面是一段圆弧，一个半径尺寸 10，圆弧端点锁定在两条附加轨迹的起点处，如图 3-44（a）所示→确定 →确定 。

step3　使用镜像特征构建瓶子的后表面，如图 3-44（c）所示。

【模型】选项→选择瓶子的前表面面组→镜像 →选择 FRONT 面作为镜像面→确定

（图中标注）草绘截面　10　镜像面　(a) 变截面扫面截面　(b) 变截面扫面面组　(c) 镜向面组

图 3-44　塑料瓶前、后表面设计

step4　为了通过边界定义曲面构建瓶子的左侧表面，先定义与曲面相切的样条曲线。

【模型】选项→【基准】→通过点曲线 →依次选取如图 3-45（a）所示的两个顶点，连接方式：样条。

【末端条件】→起点：相切→选如图 3-45（b）所示的相切边→终点：相切→选如图 3-45（c）所示的相切边→确定 。

step5　使用相同的方法，构建如图 3-45（d）所示的第二根样条曲线。

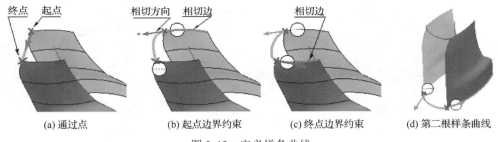

|(a) 通过点|(b) 起点边界约束|(c) 终点边界约束|(d) 第二根样条曲线|

图 3-45　定义样条曲线

step6　使用边界定义曲面特征，构建与前后两个变截面扫描曲面相切的瓶子左侧面组。

（1）定义曲面边界，如图 3-46（a）所示。

【模型】选项→边界定义曲面 ⤢ →【曲线】。

第一方向边界：按住 Ctrl 选择两条短的样条曲线。

第二方向边界：【细节】："基于规则"和"相切"→选择瓶子前表面的左侧边链→【添加】→再选择瓶子后表面的左侧边链。

（2）定义该面组与前后两侧的面组相切，如图 3-46（b）所示。

【约束】：将第二方向的两个边界条件定义"相切"→确定 ✓，如图 3-41（c）所示。

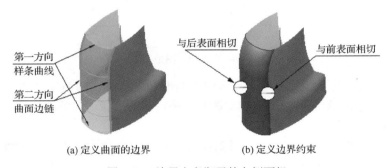

|(a) 定义曲面的边界|(b) 定义边界约束|

图 3-46　边界定义瓶子的左侧面组

step7　使用变截面扫描特征，构建瓶子的右侧面组，该面组与瓶子的前后表面相切。

（1）创建变截面扫描曲面。

【模型】选项→扫描 ⤢ →曲面 ◱ →变截面扫描 ◿ 。

（2）选择三根用于变截面扫描的轨迹曲线，如图 3-47（a）所示。

【参考】：选择竖直曲线作为主轨迹→【细节】→【添加】→"基于规则"和"相切"→选择瓶子前表面的右侧边链为第一根附加轨迹→【添加】→再选择瓶子后表面的右侧边链作为第二根附加轨迹→确定 ✓ 。

（3）定义边界的相切约束。

【相切】→轨迹：链 1→参考：默认 1→轨迹：链 2→参考：默认 1。

（4）草绘截面。

草绘截面 ◿ →绘制的截面是一段圆锥曲线，曲率值 0.35。如图 3-47（b）所示。→确定 ✓ →确定 ✓ 。

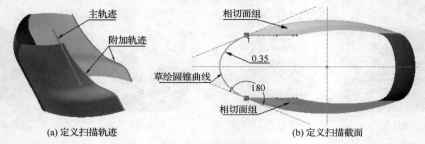

(a) 定义扫描轨迹　　　　　　　　　　　　　　(b) 定义扫描截面

图 3-47　设计瓶子的右侧面组

step8　使用图形基准和 TRAJPAR 参数来控制瓶子右侧的变截面扫描的形状。

（1）观察名为 CONIC 的图形基准。

在模型树上选中"CONIC"特征，鼠标右键菜单上选"编辑定义"→"截面"完成→"CONIC"确定✔，CONIC 的图形基准如图 3-48 所示→确定✔。

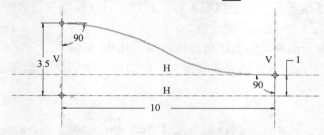

图 3-48　CONIC 图形基准

（2）在变截面扫描的草绘截面中，加入图形基准和二次曲线的曲率之间的关系式，通过关系使 CONIC 图形基准来控制变截面扫描特征的形状。有关"关系"的相关内容参见 4.1 节。

在模型树上选中变截面扫描特征，鼠标右键菜单上选"编辑定义"→截面✎→【工具】→【d=关系】→输入关系式：sd# = evalgraph（"CONIC", trajpar * 10）/ 10→【确定】→【草绘】→确定✔→确定✔。

Sd#是草绘截面中曲率尺寸的代号。加入关系前后的变截面扫描特征如图 3-49 所示。

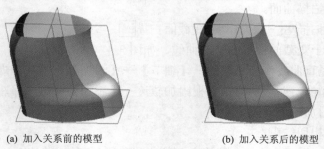

(a) 加入关系前的模型　　　　　　　　　　(b) 加入关系后的模型

图 3-49　加入关系前后的形状变化

step9　给瓶子底部创建一个平整面组。

（1）合并瓶身的四个面组。

【模型】选项→按住 Ctrl 键选择需合并的四个面组→合并▱→确定✔。

（2）创建平整面组。

【模型】选项→平整曲面▨→草绘平面：选择 TOP 面→取投影边▣→"链"→按住 Ctrl
选取相邻的两条边，如图 3-50（a）所示→"下一个"→"接受"→系统询问"是否转换
为环"，回答"Y"，如图 3-50（b）所示→确定☑，如图 3-50（c）所示→确定☑，平整面
组如图 3-50（d）所示。

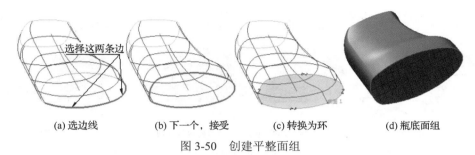

(a) 选边线　　　　　　(b) 下一个, 接受　　　　(c) 转换为环　　　　　(d) 瓶底面组

图 3-50　创建平整面组

（3）合并瓶身与瓶底面组。

step10　在瓶身的上部创建一个平行混合面组。

（1）创建草绘基准面。

【模型】选项→基准▱→选择瓶身上部的一条边，"穿过"→【确定】，如图 3-51（a）所示。

（2）创建混合截面一。

【模型】选项→【形状】→混合◈→曲面▱→草绘截面：截面 1→【定义】→选择刚才
创建的基准面作为草绘面，确认草绘面箭头向上→【草绘】→取投影边▣→"链"→选
择相邻的两条边→"下一个"→"接受"→系统询问"是否转换为环"，回答"Y"，如
图 3-51（b）所示→【确定】。

（3）创建混合截面二。

【截面】→草绘截面：截面 2→输入偏移尺寸 0.375→草绘→取偏移边▣→"链"→按逆
时针选择相邻的两条边→"下一个"→"接受"→系统询问"是否转换为环"，回答"Y"
→输入偏移距离 0.5→调整截面 2 的起点与截面 1 匹配，如图 3-51（c）所示→【确定】→
确定☑，如图 3-51（d）所示。

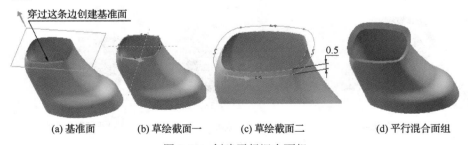

(a) 基准面　　　　　(b) 草绘截面一　　　　(c) 草绘截面二　　　　(d) 平行混合面组

图 3-51　创建平行混合面组

（4）将该平行混合面组与瓶身面组合并。

step11　继续创建一个延伸面组。

（1）创建一个用于延伸参照的基准面。

【模型】选项→基准▱→选择参考基准面→输入偏移距离为 1.375→【确定】，如图 3-52（a）
所示。

(2) 创建延伸面组。

选择过滤器切换到"几何"，选择一条延伸边线，如图 3-52 (b) 所示。

【模型】选项→延伸 ![] →延伸到面 ![] →【参考】→【细节】→ "基于规则" → "相切" →【确定】，如图 3-52 (c) 所示→选择刚才创建的延伸参照面→确定 ![]，如图 3-52 (d) 所示。

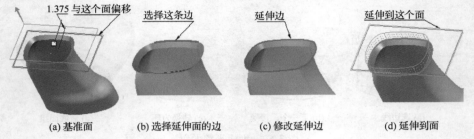

　　(a) 基准面　　　　　(b) 选择延伸面的边　　　(c) 修改延伸边　　　(d) 延伸到面

图 3-52　创建延伸面组

step12　继续创建一个平行混合面组。

平行混合的第一个截面与刚才延伸面组的截面相同，第二个截面是一个圆，因为第一个截面有四个线段，所以，也要将第二个截面的圆分割成四个线段。

(1) 创建混合截面一。

【模型】选项→【形状】→混合 ![] →曲面 ![] →草绘截面：截面 1→【定义】→选择刚才创建的延伸参照面作为草绘面，确认草绘面箭头向上→【草绘】→取投影边 ![] → "链" →选择相邻的两条边→ "下一个" → "接受" →系统询问 "是否转换为环"，回答 "Y"，如图 3-53 (a) 所示→【确定】。

(2) 创建混合截面二。

【截面】→草绘截面：截面 2→输入偏移尺寸为 1→【草绘】→定向草绘视图 ![] →先绘制一个圆，再利用中心线 ![] 和分割点 ![] 把圆分割成四段弧线，第一分割点为混合截面的起点，调整截面 2 的起点与截面 1 匹配，草绘的截面二如图 3-53 (b) 所示→确定 ![] →确定 ![]，混合面组如图 3-53 (c) 所示。

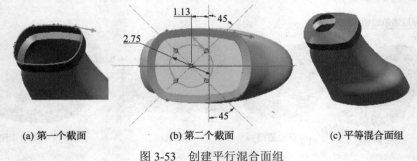

　　(a) 第一个截面　　　　　(b) 第二个截面　　　　　(c) 平等混合面组

图 3-53　创建平行混合面组

(3) 将该混合面组与瓶身面组合并。

step13　继续创建一个拉伸面组作为瓶口。

(1) 创建草绘基准面。

【模型】选项→基准 ![] →选择 TOP 面，"偏移" →输入偏移值 12.375→【确定】，如图 3-54 (a) 所示。

（2）创建拉伸面组。

【模型】选项→拉伸 ⬚→曲面 ⬚→选择刚才创建的草绘基准面→取投影边 ⬚→"链"→选择相邻的两条边，如图 3-54（b）所示→"下一个"→"接受"→系统询问"是否转换为环"，回答"Y"，如图 3-54（c）所示→【确定】→输入拉伸高度 0.5→确定 ⬚。拉伸面组如图 3-54（d）所示。

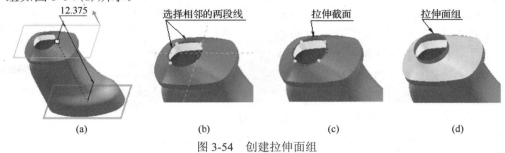

图 3-54　创建拉伸面组

（3）将该拉伸面组与瓶身面组合并。

step14　创建一根用于扫描瓶子把手的样条曲线。

（1）创建两个基准点。

【模型】选项→基准点 ⬚。

PNT0（在曲面上）：一个主参考：选择曲面；两个偏移参考：选择 FRONT 面，偏移距离 0；再选择曲面上部的边线，偏移距离 0.125→【确定】。如图 3-55（a）所示。

PNT1（线面交点）：两个主参考：选择 FRONT 面；按住 Ctrl 键再选择一根几何边线→【确定】。如图 3-55（b）所示。

（2）创建一根基准轴。

【模型】选项→基准轴 ⬚→两个主参考：选择 PNT0，"穿过"；按住 Ctrl 键再选择曲面，"法向"→【确定】。如图 3-55（c）所示。

（3）创建一根样条曲线。

【模型】选项→【基准】→通过点曲线 ⬚→按住 Ctrl 依次选取选取 PNT0 和 PNT1，连接方式：样条→【末端条件】→起点：相切→选择过 PNT0 的基准轴→终点：相切→选如图 3-55（d）所示的曲面→确定 ⬚。

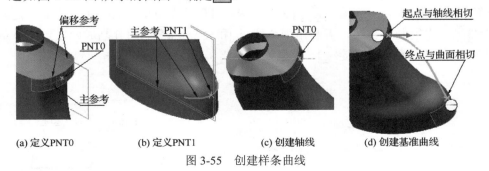

(a) 定义PNT0　　　(b) 定义PNT1　　　(c) 创建轴线　　　(d) 创建基准曲线

图 3-55　创建样条曲线

step15　继续创建一个扫描面组。

【模型】选项→扫描 ⬚→曲面 ⬚→定截面 ⬚→截面 ⬚→定向草绘视图 ⬚→绘制如图 3-56（a）所示的截面→确定 ⬚→确定 ⬚。扫描面组如图 3-56（b）所示。

step16 延伸扫描面组。

(1) 转动模型观察扫描面组的起点处，该扫描面组与瓶身面组之间有间隙，如图 3-57(a) 所示。

(2) 选择过滤器切换到"几何"，在扫描面组起始截面上选择一条延伸边线→【模型】选项→延伸 ⬛→延伸到面 📖→【参考】→【细节】→"基于规则"→"相切"→【确定】，如图 3-57(b) 所示→选择 RIGHT 面→确定 ✅。

(3) 将该扫描面组与瓶身面组合并，如图 3-57(c) 所示。

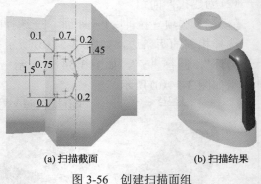

(a) 扫描截面　　　　　　(b) 扫描结果

图 3-56　创建扫描面组

step17 给塑料瓶面组倒圆角，增加材料厚度，最终转换成塑料瓶实体零件，【模型】选项→加厚 ⬛→确定 ✅。如图 3-57(d) 所示。

(a)　　　　　(b) 延伸把手　　　(c) 合并把手　　　(d) 转成零件

图 3-57　面组转换成实体

练习6　完成汽车排气道零件设计。

step1 打开 📁→chapter3→零件 manifold_start.prt，模型中已经构建了扫描混合面组的扫描轨迹和第一个混合截面，如图 3-58(a) 所示。

step2 创建一个作为第二个混合截面的曲线圆，因为第一个混合截面有四段，所以曲线圆也必须分割成四段圆弧。

　　【模型】选项→草绘基准曲线 〰️→选择 RIGHT 面作为草绘面→【草绘】→定向草绘视图 📐→先绘制一个圆，再利用中心线 ⋮ 和分割点 ⬛ 把圆分割成四段弧线→草绘如图 3-58(b) 所示截面→确定 ✅。模型如图 3-58(c) 所示。

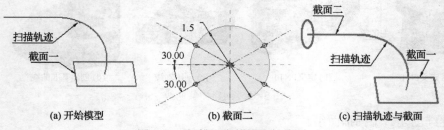

(a) 开始模型　　　　　　(b) 截面二　　　　　　(c) 扫描轨迹与截面

图 3-58　扫描混合的轨迹与截面

step3 创建扫描混合面组。

【模型】选项→扫描混合 ⚙ →曲面 🔲 →选择扫描轨迹曲线→【截面】→"选定截面"→选择截面一→截面 1：选择截面一的曲线→【插入】→点亮截面 2：选择截面二的曲线→拖动截面二的起点图标使之与截面一的起点匹配→确定 ✅。扫描混合面组如图 3-59(a)所示。

step4　在扫描起始点处，创建一个平整面。

（1）创建草绘基准面。

【模型】选项→基准 ▱ →按住 Ctrl 键，"穿过"扫描混合面组矩形截面的两条长边→【确定】。

（2）创建平整面组。

（3）【模型】选项→平整曲面 ▨ →选择刚才创建的草绘基准面→【关闭】→"Y"→取偏移边 ⬛ →"链"→逆时针方向选取相邻的两条边→"下一个"→"接受"→系统询问"是否转换为环"，回答"Y"→确定 ✅，如图 3-59(b)所示→确定 ✅。

（4）合并扫描混合面组与平整面组，如图 3-59(c)所示。

step5　给四条边倒圆角，圆角半径 0.5，如图 3-59(d)所示。

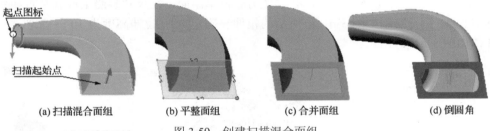

(a) 扫描混合面组　　　(b) 平整面组　　　(c) 合并面组　　　(d) 倒圆角

图 3-59　创建扫描混合面组

step6　在扫描混合面组前面插入两个基准点。

扫描混合特征可以使用扫描截面的面积来控制沿着轨迹扫描的截面，只需在扫描轨迹上放置基准点，在基准点处给定扫描截面的面积值即可。

在模型树上选中 PNT0，在鼠标右键菜单选择"在此插入"，开始在 PNT0 特征后面，创建基准点特征。

【模型】选项→基准点 ⊠ →选择轨迹曲线，"在其上"→PNT1，偏移参考：曲线末端，比率：0.35→新点→在曲线相应的位置再选择一点 PNT2，偏移参考：曲线末端，比率：0.75→【确定】。如图 3-60(a)所示。

取消插入模式。

step7　重新编辑定义扫描混合面组。

在模型树上选中扫描混合面组，在鼠标右键菜单上选择"编辑定义"→【选项】→"设置横截面面积控制"→选择基准点 PNT1，输入面积值 3→按住 Ctrl 键再选择 PNT2，输入面积值 2.25→确定 ✅。扫描混合面组如图 3-60(b)所示。

step8　扫描混合面组上半径为 0.5 的倒圆角再生失败，将半径值修改为 0.3。

step9　再次修改截面面积控制值，并加厚材料，将面组转成实体零件。

（1）再次修改截面面积控制值。

在模型树上选中扫描混合面组，在鼠标右键菜单上选择"编辑定义"→【选项】→"设置横截面面积控制"→选择基准点 PNT1，输入面积值 5→按住 Ctrl 键再选择 PNT2，输入面积值 3→确定 ✅。

（2）面组加厚。【模型】选项→加厚▱→确定☑，汽车排气道零件如图 3-60（c）所示。

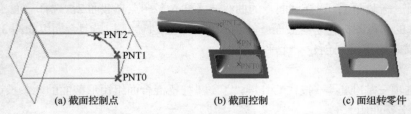

（a）截面控制点　　　　　　　　　（b）截面控制　　　　　　　（c）面组转零件

图 3-60　汽车排气道零件 manifold.prt

练习 7　水勺零件设计。

step1　新建▯→零件 scoop.prt。

step2　创建勺子基体。

【模型】选项→拉伸▭，选择 TOP 面作为底板草绘面，在尺寸参照上放置竖直和水平对称中心线⁝→绘制如图 3-61（a）所示的拉伸→确定☑→拉伸高度为 10→确定☑，勺子基体如图 3-61（b）所示。

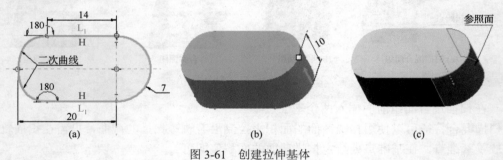

（a）　　　　　　　　　　　（b）　　　　　　　　　　　（c）

图 3-61　创建拉伸基体

step3　创建一根基准轴。

【模型】选项→基准轴╱，选择勺子基体右侧的半圆柱面，"穿过"→【确定】。创建的轴线如图 3-61（c）所示。

step4　创建一个旋转面组。

【模型】选项→旋转◈→▱，选择 FRONT 面为草绘面，放置旋转轴线⁝→绘制如图 3-62（a）所示的旋转截面→确定☑→旋转角 180°，双侧角度▯→确定☑。旋转面组如图 3-62（b）所示。

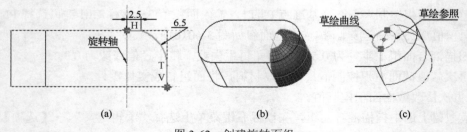

（a）　　　　　　　　　　　（b）　　　　　　　　　　　（c）

图 3-62　创建旋转面组

step5　创建一根基准曲线。

【模型】选项→草绘基准曲线 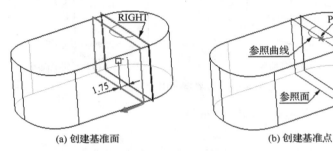→选择勺子基体的上表面为草绘面→选择新参照 →选取旋转曲面上的一条边→用圆心、半径画圆弧的方式 ，绘制如图 3-62(c)所示的半个圆的基准曲线→确定 。

step6　创建一个基准面。

【模型】选项→基准 →选择 RIGHT 面，"偏移"，输入偏移距离 1.75→【确定】。如图 3-63(a)所示。

step7　创建一个基准点。

【模型】选项→基准 →选择 RIGHT 面，选择基准曲线，线面相交得如图 3-63(b)所示的基准点 PNT0→【确定】。

(a) 创建基准面　　　　　　　　　　　(b) 创建基准点

图 3-63　创建基准

step8　创建一条由两条草绘基准曲线相交的曲线。

(1)创建第一条草绘基准曲线。

【模型】选项→草绘基准曲线 →选择 FRONT 面为草绘面→选择新参照 →选取 PNT0 和顶点 A 作为草绘参照→用端点画圆弧的方式 ，选择 2 个参照点作为圆弧端点，绘制如图 3-64(a)所示的圆弧曲线→确定 。

(2)以同样的方法创建第二条草绘基准曲线。

【模型】选项→草绘基准曲线 →选择 RIGHT 面作为草绘面→选择新参照 →选取 PNT0 和顶点 A 作为草绘参照→用端点画圆弧的方式 ，选择 2 个参照点作为圆弧端点，绘制如图 3-64(b)所示的圆弧曲线→确定 。

(3)将两条草绘基准曲线相交。

【模型】选项→选择 FRONT 面上的草绘基准曲线→按住 Ctrl 键选择 RIGHT 面上的草绘基准曲线→相交 。相交曲线如图 3-64(c)所示。

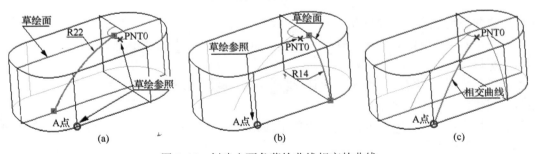

(a)　　　　　　　　　　(b)　　　　　　　　　　(c)

图 3-64　创建由两条草绘曲线相交的曲线

step9　镜像刚才创建的相交曲线。

【模型】选项→选择相交曲线→镜像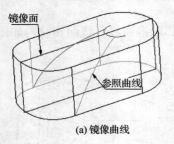→选择 FRONT 面作为镜像面→确定✓。镜像结果如图 3-65(a)所示。

step10　边界定义勺子基体中间的曲面。

【模型】选项→边界定义曲面☑→选择第一方向两根边界曲线和第二方向两根边界曲线→确定✓。由边界定义的面组如图 3-65(b)所示。

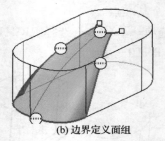

(a) 镜像曲线　　　　　　　　　　(b) 边界定义面组

图 3-65　边界定义中间面组

step11　边界定义勺子基体的曲前后两张曲面。

(1)给定四条边界。

【模型】选项→边界定义曲面☑→选择第一方向两根边界曲线和第二方向两根边界曲线。

(2)定义边界的相切约束。

"约束"选项→分别选择第二方向的两条边界,将边界约束定义为"相切",并指定与该面组相邻的面组为相切面→确定✓。由边界定义的面组如图 3-66(a)所示。

(3)采用同样的方法定义勺子基体后面的曲面,如图 3-66(b)所示。

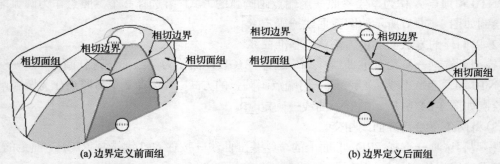

(a) 边界定义前面组　　　　　　　　　　(b) 边界定义后面组

图 3-66　边界定义前后面组

step12　合并模型现有的四个面组。

【模型】选项→按住 Ctrl 键选择模型的四个面组→合并◔→确定✓,如图 3-67(a)所示。

step13　实体化模型。

【模型】选项→选择合并面组→实体化☐→确定✓。如图 3-67(b)所示。

step14　创建一个抽壳特征。

【模型】选项→抽壳▣→选择模型上的平面为去除表面→给定壳的厚度为 0.4→确定✓。如图 3-67(c)所示。

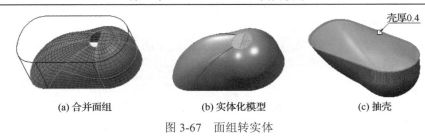

(a) 合并面组　　　　　　　(b) 实体化模型　　　　　　　(c) 抽壳

壳厚0.4

图 3-67　面组转实体

step15　创建勺柄的拉伸特征。

（1）创建草绘基准面。

【模型】选项→基准 ▱ →选择 RIGHT 面，"偏移"→输入偏移距离 29→【确定】，如图 3-68（a）所示。

（2）创建一个拉伸特征。

【模型】选项→拉伸 ▱ →选择刚才创建的草绘基准面→定向草绘视图 ▨ →草绘如图 3-68（b）所示的截面→确定 ✓ →拉伸深度到下一个 ≡ →确定 ✓ 。拉伸特征如图 3-68（c）所示。

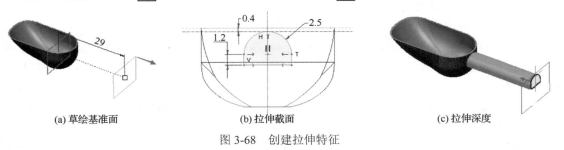

(a) 草绘基准面　　　　　　(b) 拉伸截面　　　　　　(c) 拉伸深度

图 3-68　创建拉伸特征

step16　创建勺柄端部的旋转特征。

【模型】选项→旋转 ⊙ →选择拉伸特征的断面为草绘面→放置旋转轴 ⁞ →投影取边 ▢ →草绘如图 3-69（a）所示的截面→确定 ✓ →旋转角度 180°→确定 ✓ 。旋转特征如图 3-69（b）所示。

step17　创建一个变半径的倒圆角特征。

（1）在倒圆角的边上放置一个基准点。

【模型】选项→基准点 ⌖ →主参考：选择 FRONT 面，按住 Ctrl 键再选择将要倒圆角的边，→【确定】。如图 3-69（c）所示。

（2）创建变半径的倒圆角。

【模型】选项→倒圆角 ◗ →选择手柄根部的边→【集】→【半径】→鼠标右键菜单选择"添加半径"→起点、终点处半径值为 2→鼠标右键菜单再选择"添加半径"→"参考"：选择 PNT2，输入半径值 0.38。变半径倒圆角如图 3-69（d）所示。

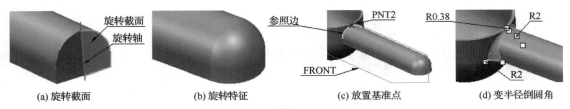

(a) 旋转截面　　　　(b) 旋转特征　　　　(c) 放置基准点　　　　(d) 变半径倒圆角

图 3-69　创建旋转、倒圆角特征

step18　创建一个切割特征。

【模型】选项→拉伸![]→剪切![]→选择手柄底部的平面为草绘面→定向草绘视图![]→草绘如图 3-70(a)所示的截面→确定![]→拉伸深度：穿过所有→确定![]。

step19　阵列切割特征。

【模型】选项→阵列![]→尺寸阵列→阵列参考尺寸 9.5，尺寸增量 5，阵列个数 4→确定![]。阵列特征如图 3-70(b)所示。

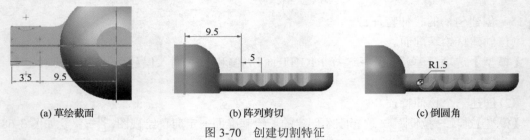

(a) 草绘截面　　　　　　　　(b) 阵列剪切　　　　　　　　(c) 倒圆角

图 3-70　创建切割特征

step20　使用面组实体化切割把手。

(1)利用"种子、边界法"复制把手的部分曲面。

选择把手上的一个小曲面，Ctrl+C 键复制到剪贴板，再 Ctrl+V 键粘贴到模型→【参考】→选择"单曲面"→鼠标右键菜单选择"移除"→【细节】→【添加】→【基于规则】→选择一个种子区面→选择复制规则："种子和边界曲面"→按住 Ctrl 选择三个边界曲面→确定。种子曲面和边界曲面如图 3-71(a)所示，曲面复制结果如图 3-71(b)所示。

(2)创建一个偏移面组。

【模型】选项→选择刚才复制创建的面组→偏移![]→偏移方向：内侧，输入偏移距离 0.7→确定![]。偏移面组如图 3-71(c)所示。

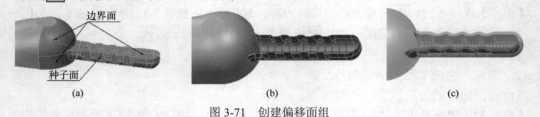

(a)　　　　　　　　　　　　　　(b)　　　　　　　　　　　　　　(c)

图 3-71　创建偏移面组

(3)复制勺子基体右侧的曲面。

选择勺子基体右侧的一个曲面，如图 3-72(a)所示→Ctrl+C 键复制到剪贴板，再 Ctrl+V 键粘贴到模型→【参考】→【细节】→按住 Ctrl 键再选择勺子基体右侧的另外一个曲面，如图 3-72(b)所示→确定→【选项】→选择"排除曲面并填充孔"，选择孔上的任何一条边，如图 3-72(c)所示→确定![]。曲面复制结果如图 3-72(d)所示。

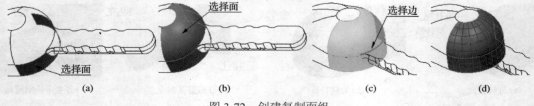

(a)　　　　　　　　　　(b)　　　　　　　　　　(c)　　　　　　　　　　(d)

图 3-72　创建复制面组

(4) 创建相交面组。

【模型】选项→选择如图 3-73(a)所示的两个面组→合并 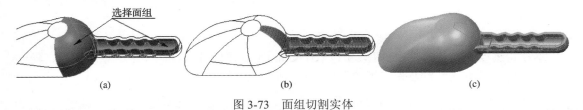→调整合并材料侧→确定✅。合并面组如图 3-73(b)所示。

(5) 面组切割实体。

【模型】选项→选择刚才创建的合并面组→实体化✉️→剪切▨→调整需保留的材料侧→确定✅。面组切割后的勺子把手如图 3-73(c)所示。

选择面组

(a)　　　　　　　　　　(b)　　　　　　　　　　(c)

图 3-73　面组切割实体

第4章

Creo Parametric 零件设计

本章将继续介绍与零件设计有关的 Creo Parametric 建模技术，如关系、零件族表、阵列表、用户自定义特征，以及骨架折弯、环形折弯特征等。

4.1 关系和参数

通过在模型中添加参数和关系，用户可以将设计中的专家知识和自己的设计意图体现在模型的设计中。

1. 关系

在零件模块下，关系用于建立零件中任意两个尺寸值之间的数学和条件关系。在组件模块下，关系可以建立不同零件中两个尺寸之间的数学和条件关系。

如图 4-1 所示，在径向孔的阵列尺寸中加入了关系，其中 d1 是父参照拉伸圆盘的直径，P20 是阵列孔的个数，d19 是阵列增量角，d7 是径向孔的定位圆半径。在设计中加入图 4-1(a) 所示的关系后，当父参照拉伸圆盘的直径发生改变时，径向孔阵列就会在关系的控制驱动下产生相应的变化，如图 4-1(b)、(c) 所示。

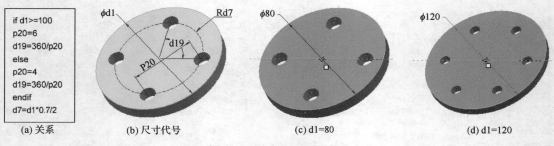

(a) 关系   (b) 尺寸代号   (c) d1=80   (d) d1=120

图 4-1 关系驱动设计模型

2. 参数

Creo Parametric 系统定义的特征参数，可以通过"关系"来控制特征的变化。如图 4-1 的例子中，可以先定义一个参数，参数名为"ratio"，参数属性为实数，参数值为 0.7。模型关系中的最后一行就可以写成"d7=d1*ratio"。只要改变参数值，变化的参数值就通过关系使模型产生相应的变化。

4.2　零件族

零件族是指由一个通用零件派生而成的形状相似、大小不同的一系列实例零件的集合。如图 4-2 所示为六角螺栓的零件族。

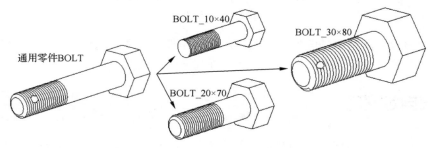

图 4-2　六角螺栓零件族

使用零件族的优点如下：

(1) 可以采用简单的方法生成大量相似的零件，利于标准化零件的管理。

(2) 不必一一创建相似的零件，节省大量设计时间。

(3) 使用零件族可以在零件装配中很容易实现零件的互换。

Creo Parametric 系统首先要为某个零件族创建一个通用的零件模型，然后对该通用模型定义一个零件族表，实例零件成员需要变化的尺寸、参数、特征等项目是族表中的"列"，每个实例成员是族表中的"行"。图 4-3 所示为图 4-2 中六角螺栓的零件族表。在最后提交零件族表前，还要使用 🖩 来验证零件族表中的每个实例数据都是有效的。

类型	实例名	公用名称	DIAMETER	LENGTH	F531 [拉伸_3]	F423 [旋转_1]	d25
	BOLT	bolt.prt	20	100	Y	Y	11.00
	BOLT_10X40	bolt.prt_INST	10	40	N	N	*
	BOLT_20X70	bolt.prt_INST	*	70	*	*	*
	BOLT_30X80	bolt.prt_INST	30	80	Y	*	10.00

图 4-3　六角螺栓零件族表

使用零件族表时，直接调用零件家族表中的成员即可。

4.3　阵列表

尺寸阵列是由尺寸增量控制阵列内的单元，轴阵列是由阵列角度控制阵列内的单元，Creo Parametric 可以将尺寸阵列和轴阵列的阵列结构转换成阵列表中的数据，这样每个阵列单元就由其对应的数值进行控制。阵列表里的数据可以进行编辑，所以阵列表适合于复杂和不规则的阵列，见图 4-4。

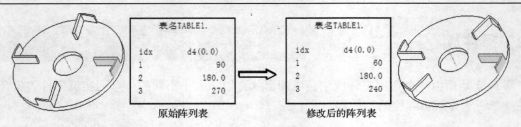

图 4-4　阵列表

　　只需将已有尺寸阵列或轴阵列进行编辑定义，在阵列类型里选择阵列表，系统就把原来由尺寸增量或阵列角度控制的阵列结构转换成阵列表中的数据。

4.4　用户自定义特征

　　为节省设计时间，可将常用的几何特征定义为用户自定义特征（User Defined Feature，UDF）保存起来，构建用户自定义特征库 UDFS。用户自定义特征是特征组、参照和尺寸的集成，设计零件时可快捷方便地在 UDFS 中调用 UDF。

　　图 4-5(a) 所示为一个螺杆基座的模型，将该模型上的圆柱、筋、筋阵列和同轴孔四个特征定义成一个 UDF，并确定使用 UDF 时的放置参照和可变尺寸。图 4-5(b) 显示了 UDF 在新零件上的使用。

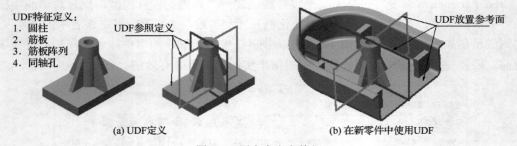

图 4-5　用户自定义特征

4.5　本章实例练习

练习 1　螺旋切割环（使用边链）设计。

step1　新建☐→零件模块，文件名 helix_cut.prt，选中"使用默认模板"→确定✅。

step2　创建一根基准曲线。

　　【模型】选项→草绘曲线〰→选择 TOP 面作为草绘面→【草绘】→绘制如图 4-6(a) 所示的圆→确定✅。

step3　扫描创建一个圆环。

　　【模型】选项→扫描📎→定截面➖→选择刚才创建的基准曲线作为扫描轨迹线→截面📐→绘制如图 4-6(b) 所示的截面圆→确定✅→确定✅。

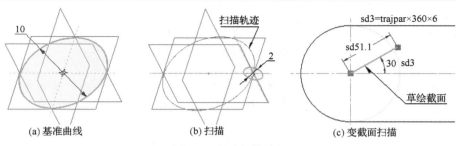

(a) 基准曲线　　　　　(b) 扫描　　　　　(c) 变截面扫描

图 4-6　创建扫描特征

step4　创建一个变截面扫描的曲面。

（1）创建变截面扫描的曲面。

【模型】选项→扫描 → →变截面 →仍然选择基准曲线作为扫描轨迹线→截面 →
视图定向 →绘制如图 4-6(c) 所示的截面线，注意只能标注线段的长度尺寸。

（2）在特征中加入关系。

【工具】选项→【d=关系】→在关系对话框中键入关系"sd3=trajpar*360*6"→【确定】→
【草绘】→确定 →确定 。变截面扫描面组如图 4-7(a) 所示。

step5　创建一个螺旋切割特征。

【模型】选项→扫描 →剪切 →定截面 →选择变截面的边链作为扫描轨迹线，如
图 4-7(b) 所示→截面 →草绘一个圆截面→确定 →确定 。螺旋切割特征如图 4-7(c)
所示。

step6　隐藏变截面扫描面组。螺旋切割环如图 4-7(d) 所示。

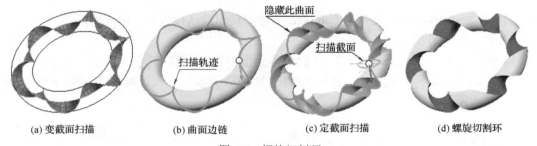

(a) 变截面扫描　　　(b) 曲面边链　　　(c) 定截面扫描　　　(d) 螺旋切割环

图 4-7　螺旋切割环

练习 2　继续炉盘零件（关系）设计。

step1　打开第 2 章创建的炉盘零件。

step2　在用圆切割炉条时，以炉条的端面为参照，即炉盘切割圆的直径参照炉条的总长度，
模型再生后会出现如图 4-8(a) 的情况。

若在改变炉盘直径大小时，希望炉盘的各个尺寸还能协调匹配，并且当炉盘直径大于 100
时，安装孔是六个，直径小于 100 时，安装孔是四个。

step3　按设计意图给炉盘零件加入关系。

在零件中增加关系如下：

【工具】→【d=关系】→在"关系"对话框中输入如下关系：

```
p6=d0/10                    d₀，炉条长度
d37=d0*0.12                 d37，炉盘盘边的边距值
d46=d0/2+d37/2              d46，安装孔的定位圆半径
if d0<=100
p58=4                       p58，阵列孔的个数
d55=360/p58                 d55，阵列孔的阵列增量角度
else
p58=6
d55=360/p58
endif
d41=d37/2                   d41，安装孔的直径
```

加入关系后的炉盘零件如图 4-8(b)所示。

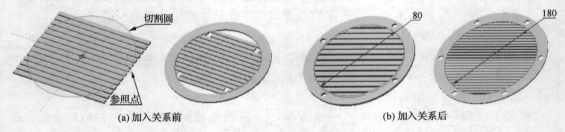

(a) 加入关系前　　　　　　　　　　　　　　　　　(b) 加入关系后

图 4-8　加入关系的炉盘零件

练习3　六角螺栓(零件族)设计。

step1　新建□→零件模块，文件名 bolt.prt，选中"使用默认模板"→确定☑。

step2　拉伸六角螺栓头。

　　【模型】选项→拉伸📐→选择 TOP 面为草绘面→打开构造线🔘→绘制正六边形的外接圆→关闭构造线🔘→视图方向🔄→绘制图 4-9(a)所示的正六边形→确定☑→拉伸长度18→确定☑。

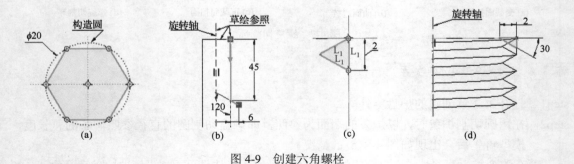

图 4-9　创建六角螺栓

step3　拉伸螺杆。

　　【模型】选项→拉伸📐→选择螺栓头上表面为草绘面→绘制直径为 10 的圆截面→确定☑→拉伸长度100→确定☑。

step4　切割螺纹。

【模型】选项→螺旋扫描 → 剪切 → 【参考】→【定义】→选择 RIGHT 面为草绘面→【草绘】→视图方向 →草绘参照 ，重新定义三个新的草绘参照→中心线 ，放置螺旋扫描旋转轴→绘制如图 4-9(b)所示的螺纹轨迹线→确定 →截面 ，草绘如图 4-9(c)所示的螺纹牙型截面→确定 →输入螺距值为 2→确定 。

step5　切割螺纹倒角。

【模型】选项→旋转 →剪切 →选择 RIGHT 面为草绘面→视图方向 →中心线 ，放置旋转轴→草绘如图 4-9(d)所示的螺纹倒角截面→确定 →旋转角 360°→确定 。

step6　给六角螺栓杆上添加一个销孔。

【模型】选项→拉伸 →选择 RIGHT 面为草绘面→绘制圆截面→确定 →拉伸长度：双侧，穿过所有→确定 。如图 4-10(a)所示。

step7　将螺纹大经和有效长度设置成参数。

【工具】选项→添加参数图标 →在参数对话框中→【参数】→"添加参数"→参数名：diameter，整数，值 20→"添加参数"→参数名：length，整数，值 120→【确定】。

step8　按照制图的国家标准，参照图 4-10(b)六角螺栓的尺寸代号，给六角螺栓加入关系。

【工具】选项→【d=关系】→在六角螺栓的"关系"对话框中输入如下关系：

```
d4=diameter        d4，螺纹大经
d3=length          d3，螺栓有效长度
d1=d4              d1，正六边形外接圆半径
d0=0.8*d4          d0，螺栓头高度
if d3<=2.5*d4
d6=d3              d6，螺纹长度
else
d6=2*d4
endif
d12=0.3*d4         d12，螺尾扫描轨迹长度
d7=0.1*d4          d7，螺距
d10=d7             d10，正三角形牙型边长
d15=0.15*d4        d15，螺纹倒角边距
```

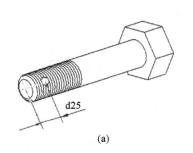

(a)

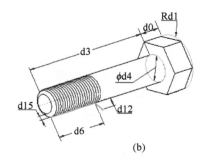

(b)

图 4-10　六角螺栓的尺寸代号

step9　创建六角螺栓的零件族表。

【工具】选项→创建零件族表 →插入表列 →选择参数：diameter 和 length→选择特征：

销孔特征 F531 和螺纹倒角特征 F423→选择尺寸：销孔的定位尺寸 d25→【确定】。六角螺栓零件族表有五列，两个参数列，两个特征列和一个尺寸列。

插入新实例▦→依次插入螺栓实例，构建如图 4-3 所示的六角螺栓零件族表。

校验零件族的实例▦→【校验】→【关闭】。

step10　使用六角螺栓的零件族表。

打开▱→选择通用零件"bolt.prt"→在"选择实例"对话框中选择需要的实例→【打开】。由通用零件 BOLT 衍生的各个零件实例如图 4-2 所示。

练习 4　汽车通风盘(阵列表)设计。

step1　新建▯→零件模块→文件名：disk→选中"使用默认模板"→【确定】。

step2　创建基础圆盘。

【模型】选项→拉伸▭→选择 TOP 面作为草绘面→绘制直径 $\phi7.5$ 的圆截面→确定☑→拉伸厚度 0.5→确定☑。拉伸圆盘如图 4-11(a)所示。

step3　创建一个同轴孔

【模型】选项→孔▦→同轴孔需要选择两个主参照，按住 Ctrl 键选择圆盘轴线和圆盘上表面→孔的深度选择穿透▦→确定☑。同轴孔如图 4-11(b)所示。

step4　创建圆盘上的剪切槽阵列。

(1)在圆盘孔的内侧创建切割特征。

【模型】选项→拉伸▭→剪切▨→【放置】→【定义】→选择圆盘上表面为草绘面→打开草绘参照▣→增加孔轴线与孔曲面为新参照→放置对称中心线▦→绘制如图 4-11(c)所示草绘截面→确定☑→穿透▦→确定☑。

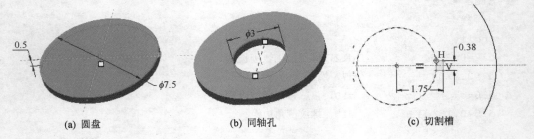

(a) 圆盘　　　　　　　　(b) 同轴孔　　　　　　　　(c) 切割槽

图 4-11　创建通风盘基体

(2)在切割特征上放置倒角。

【模型】选项→倒角▨→倒角距离 0.125→确定☑。如图 4-12(a)所示。

(3)将剪切槽与倒角打包成组。

在模型树上，按住 Shift 键，同时选中剪切槽与倒角，在鼠标右键菜单上选择"组"命令。

(4)将组绕轴旋转阵列。

【模型】选项→选择组特征→阵列▦→阵列方式"轴"，选择圆盘的轴线→输入阵列个数 4 个，阵列角度 90°→确定☑。阵列结果如图 4-12(b)所示。

(5)利用阵列表编辑剪切槽阵列。

在模型树上选中剪切槽阵列，在鼠标右键菜单选"编辑定义"，将阵列方式由"轴"改为"表"→对系统询问回答"是"→【编辑】，修改阵列表中的数据，如图 4-12(c) 所示→【退出】。由阵列表驱动的剪切槽阵列如图 4-12(d) 所示。

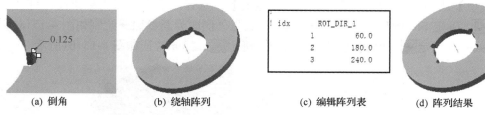

(a) 倒角　　　　(b) 绕轴阵列　　　　(c) 编辑阵列表　　　　(d) 阵列结果

图 4-12　圆盘剪切槽阵列

step5　创建圆盘上的径向孔阵列。

(1) 放置径向孔

【模型】选项→孔⬚→主参照:圆盘上表面→偏移参照:按住 Ctrl 键选择圆盘轴线和 FRONT 面→孔参数:径向半径 2，与 FRONT 面的径向孔夹角为 20°→确定✔。如图 4-13(a) 所示。

(2) 在两个方向阵列径向孔。

【模型】选项→选择径向孔→阵列⬚→阵列方式:尺寸阵列→沿两个方向阵列径向孔。如图 4-13(b)、(c) 所示。

① 第一方向:选择角度尺寸 20°，角度增量 5°；按住 Ctrl 键再选择径向半径尺寸 2，半径增量 0.5。阵列个数 4。

② 第二方向:选择角度尺寸 20°，角度增量 30°，阵列个数 12。

(a)　　　　　　　(b)　　　　　　　(c)

图 4-13　尺寸阵列圆盘孔

(3) 将尺寸阵列改为表阵列，编辑阵列表中的数据如图 4-14(a) 所示，阵列结果如图 4-14(b) 所示。

idx	d27(2.00)	d28(20.0)							
1	2.50	25.0	16	*		140.0	32	*	260.0
2	3.00	30.0	17	2.50		145.0	33	2.50	265.0
3	3.50	35.0	18	3.00		150.0	34	3.00	270.0
4	*	50.0	19	3.50		155.0	35	3.50	275.0
5	2.50	55.0	20	*		170.0	36	*	290.0
6	3.00	60.0	21	2.50		175.0	37	2.50	295.0
7	3.50	65.0	22	3.00		180.0	38	3.00	300.0
			23	3.50		185.0	39	3.50	305.0

(a)　　　　　　　　　　　　　　　(b)

图 4-14　表阵列圆盘孔

step6　创建圆盘上肋条。

(1)创建一个拉伸特征。

【模型】选项→拉伸▣→【放置】→【定义】→选择圆盘上表面为草绘面→打开草绘参照▣，确定 FRONT 面、圆盘大孔曲面与圆盘外侧面为新参照→绘制如图 4-15(a)所示草绘截面→确定✓→单侧拉伸厚度 0.125→确定✓。拉伸特征如图 4-15(b)所示。

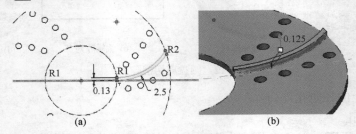

图 4-15　圆盘肋条的拉伸

(2)在刚才创建的拉伸特征上创建一个切割特征。

【模型】选项→拉伸▣→剪切▨→【放置】→【定义】→选择拉伸特征的上表面为草绘面→打开草绘参照▣，将圆盘轴线设为草绘参照→使用取投影边命令▣，绘制如图 4-16(a)所示草绘截面→确定✓→剪切深度▣，选择圆盘上表面→确定✓。切割特征如图 4-16(b)所示。

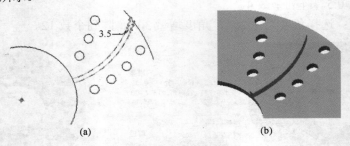

图 4-16　圆盘肋条的剪切

(3)倒圆角◥，先在肋条端部放置完全倒圆角，如图 4-17(a)所示；然后再放置边倒圆角，圆角半径 0.625，如图 4-17(b)所示。

(4)在模型树上按住 Shift 键，选中肋条的拉伸、剪切和两个倒圆角特征，在鼠标右键快捷菜单选择"组"打包成组。

(5)阵列▣。将肋条组进行绕轴方式的旋转阵列，阵列角度 30°，阵列个数 12 个，如图 4-17(c)所示。

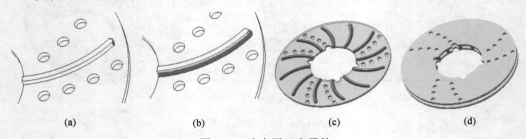

图 4-17　汽车通风盘零件

step7　镜像模型的全部几何。

　　【模型】选项→"操作"→"特征操作"→"复制、镜像、所有特征、从属"→"完成"→选择肋条上表面为镜像面→"完成"。汽车通风盘零件如图 4-17(d)所示。

练习 5　定义与使用 UDF。

step1　定义一个 UDF。

　　(1)打开🗀→chapter4→文件名：axel_end.prt。

　　(2)【工具】选项→检索 UDF 库图标🔧，系统弹出 UDF 下拉菜单→"创建"→输入 UDF 名：spline_end→确定✅→"从属的"→【完成】→选择倒角、槽阵列和同轴孔，如图 4-18(a)所示→【完成】→【完成】。

　　(3)为 UDF 中的特征参照设置提示。对第一条边参照，键入"倒角边"→确定✅。如图 4-18(b)所示。

　　(4)第二个是轴参照，因为剪切槽和同轴孔特征都用到了该轴，如果只要提示一次，单击【单一】→【完成】→键入"主轴"→确定✅。如图 4-18(b)所示。

　　(5)当显示基准面参照时→键入"基准面"→确定✅。如图 4-18(b)所示。

　　(6)对下一个参照，单击【单一】→【完成】→键入"端面"→确定✅。如图 4-18(b)所示。

　　(7)最后一个参照是圆柱面，键入"圆柱面"→确定✅。如图 4-18(b)所示。

　　(8)完成返回。

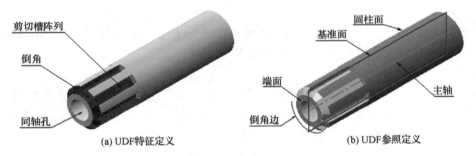

(a) UDF特征定义　　　　　　　　　　(b) UDF参照定义

图 4-18　定义 UDF

step2　为该 UDF 定义可变尺寸。

　　单击"可变尺寸"→【定义】→选择剪切槽的深度尺寸 1.25→键入提示"切割槽深度"→确定✅。

step3　将该 UDF(spline_end)放置到轴(axle. prt)零件的两端。

　　(1)打开🗀→chapter4→文件：axle. prt→【打开】→"类属模型"→【打开】。

　　(2)【模型】选项→使用 UDF 图标🔧→选择"spline_end.gph"→【打开】→选择"高级参考配置"→【确定】。

　　(3)在 UDF 放置对话框中，【放置】→对照 axel_end.prt 模型 UDF 的五个参照，分别在轴(axle. prt)上指定相应的参考，如图 4-19(a)所示。

　　(4)在 UDF 放置对话框中，【变量】→将槽特征的深度值改为 1→确定✅。

　　(5)采用相同的方法在轴(axle. prt)的另一端也放置该 UDF。如图 4-19(b)所示。

step4　将同样的 UDF 放置到 r_hub. pat 零件上。

(1) 打开 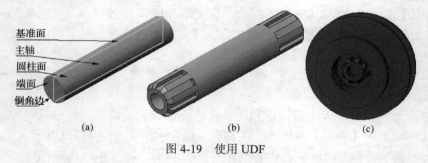→chapter4→r_hub. prt→【打开】。

(2)【模型】选项→使用 UDF→选择 "SPLINE_END.GPH"→【打开】→选择 "使特征从属于 UDF 的尺寸"→【确定】。

(3) 在 UDF 放置对话框中,【放置】→对照 AXEL_END.PRT 模型 UDF 的五个参照,分别在 r_hub. prt 上指定相应的参考。

(4) 在 UDF 放置对话框中,【变量】→将槽特征的深度值改为 0.5→确定。放置了 UDF 的 r_hub. prt 零件如图 4-19(c)所示。

基准面
主轴
圆柱面
端面
倒角边

(a) (b) (c)

图 4-19 使用 UDF

练习 6 齿轮(曲面裁剪实体)设计。

step1 打开 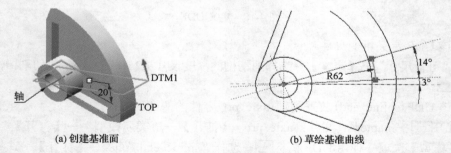→chaper4→文件名:involute_start. prt。

step2 创建一个基准面 DTM1。

【模型】选项→创建基准面→选择轴线 "穿过",按住 Ctrl 键选择 TOP 面,"偏移"夹角为 20°→【确定】。DTM1 基准面如图 4-20(a)所示。

step3 绘制一条基准曲线。

【模型】选项→草绘曲线→选择伞齿轮的左侧面为草绘面,DTM1 为定向参照面→【草绘】→草绘参照→选择轴线为新参照→视图定向→放置两根通过参照轴的辅助线,绘制如图 4-20(b)所示的一段圆弧→确定。

轴
20
DTM1
TOP

(a) 创建基准面

14°
R62
3°

(b) 草绘基准曲线

图 4-20 创建基准

step4 创建一个变截面扫描面组。

(1)【模型】选项→扫描→曲面变截面→【参考】→选择刚才绘制的基准曲线为变截面扫描的轨迹曲线。

(2) 草绘截面→草绘参照→选择轴线为新参照→视图定向→绘制如图 4-21(a)所示的一段直线→标注尺寸,标注直线到轴线的距离为 68(sd4)。

(3) 为草绘截面加入关系。

【工具】→【d=关系】→在"关系"对话框中键入如下关系：

```
rbase=64
todeg=180/pi
unwind=0
solve
unwind*todeg-atan(unwind)=trajpar*14
for unwind
sd4=rbase*(1+unwind^2)^0.5                  sd4 为直线与轴线间的距离
```

(4) 确定☑→确定☑。加入关系的变截面扫描曲面是一个渐开线曲面，如图 4-21(b) 所示。

step5　创建变截面扫描曲面的镜像曲面。

　　【模型】选项→选中变截面扫描曲面→镜像📷→选择镜像面 DTM1→确定☑。镜像结果
　　如图 4-21(c) 所示。

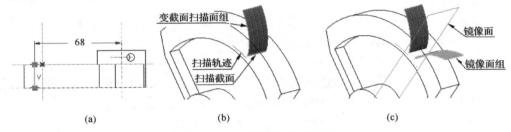

图 4-21　创建变截面扫描面组

step6　创建一个拉伸面组。

　　【模型】选项→拉伸📷→曲面📷→选择齿轮左侧面为草绘面→草绘参照📷→选择轴线和
　　两条渐开线曲面的边为新参照→视图定向📷→绘制如图 4-22(a) 所示的一段圆弧→确定
　　☑→拉伸深度指定到齿轮右侧面📷→确定☑。拉伸面组如图 4-22(b) 所示。

step7　两两合并三个面组。

　　【模型】选项→选择变截面扫描面组→按住 Ctrl 键选择拉伸面组→合并📷→切换材料侧→
　　确定☑→选择合并面组→按住 Ctrl 键选择镜像面组→合并📷→切换材料侧→确定☑。合
　　并曲面如图 4-22(c) 所示。

图 4-22　拉伸和合并面组

step8　用面组切割实体。

　　【模型】选项→选择合并面组→实体化📷→剪切📷→切换材料侧→确定☑。切割结果如
　　图 4-23(a) 所示。

step9　在模型树上选中基准面 DTM1，在鼠标右键
　　　菜单上单击"编辑"，修改角度尺寸为 5°。

step10　在模型树上选中基准面 DTM1，按住 Shift
　　　键单击实体化特征，在鼠标右键菜单选择
　　　"组"，将加亮的所有特征打包成组特征。

step11　阵列组特征。

【模型】选项→选中组特征→阵列⊞→阵列方
式：尺寸阵列→选择阵列尺寸 5°，输入尺寸
增量 25°，阵列个数：5 个→确定☑。阵列结果如图 4-23(b) 所示。

图 4-23　面组切割实体与轮齿阵列

练习 7　六角扳手（骨架折弯）设计。

step1　新建□→零件模块，文件名：wrench.prt→【确定】。

step2　拉伸六角扳手基体。

【模型】选项→拉伸□→选择 TOP 面作为草绘面→视图定向→草绘如图 4-24(a) 所示的
截面→确定☑→拉伸厚度为 4→确定☑。

step3　拉伸切割两端的内六角孔。

【模型】选项→拉伸□→剪切☑→选择扳手上表面作为草绘面→视图定向→草绘如
图 4-24(b) 所示的截面→确定☑→拉伸厚度为穿透☷→确定☑。
用相同的方法在扳手的另一侧也剪切拉伸一个内六角孔。

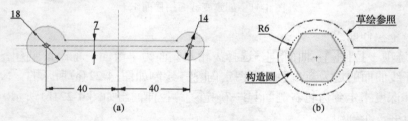

图 4-24　创建六角扳手基体

step4　给扳手放置一些倒圆角。

step5　在扳手的右侧创建一个基准面。

【模型】选项→创建基准面▱→按住 Ctrl 键，选择 RIGHT 面和扳手的右侧圆柱面，新
建的 DTM1 面与 RIGHT 面平行，与扳手的右侧圆柱面相切→【确定】。如图 4-25(a)
所示。

图 4-25　骨架折弯特征

step6　骨架折弯扳手基体。

【模型】选项→"工程"→"骨架折弯"，系统打开"骨架折弯"→"草绘骨架线、无属

性控制"→【完成】→选择扳手为折弯基体→选择 FRONT 面作为绘制骨架线的草绘面
→"默认"→【草绘】→定向视图→草绘如图 4-25(b)所示的骨架线→确定→选择
新建的 DTM1 为折弯终止平面→【完成】。骨架折弯结果如图 4-26(a)所示。

step7　为扳手创建一个拉伸切割和拉伸文字,如图 4-26(b)所示。

(a)　　　　　　　　　　　　　　　　　(b)

图 4-26　六角扳手

练习 8　汽车轮胎(环形折弯)设计。

step1　打开→chapter4→文件名:tire_start.prt。

　　在 tire_start.prt 文件中,含有轮胎齿和轮胎板两个面组,如图 4-27(a)所示。

step2　阵列轮胎齿面组。

　　【模型】选项→选中轮胎齿面组→阵列→尺寸阵列→选择轮胎齿的定位尺寸 24.50→尺
　　寸增量-1→阵列个数 25 个→确定。如图 4-27(b)所示。

step3　将第一个导引轮胎齿合并到轮胎板面组上。

　　【模型】选项→先选中轮胎板面组,按住 Ctrl 键再选中第一个轮胎齿面组→合并图→
　　注意指定保留材料侧的方向如图 4-27(c)所示→确定。

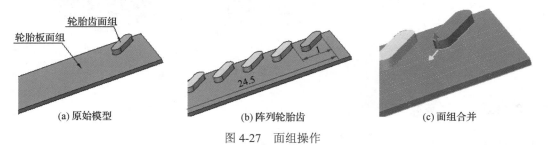

(a)原始模型　　　　　　　　(b)阵列轮胎齿　　　　　　　(c)面组合并

图 4-27　面组操作

step4　阵列该合并特征。

　　【模型】选项→选中合并特征→阵列→参考阵列→确定。轮胎齿面组都已合并到轮
　　胎板上。

step5　环形折弯合并面组。

　　(1)环形折弯命令。

　　【模型】选项→"工程"→"环形折弯"→【参考】→选择合并面组→【轮廓截面】→
　　【定义】选择合并面组的左端面作为绘制轮廓截面的草绘面,如图 4-28(a)所示→【草绘】。

　　(2)从外部文件调入环形折弯的轮廓截面。

　　视图定向→文件系统→文件名:tire_section.sec→【打开】→在屏幕上空白位置单击,
　　放置草绘图形→按住鼠标右键,将草绘中心图标拖动至草绘坐标系的原点处→按住鼠标
　　左键,将草绘图形的坐标系原点拖动至轮胎板截面的左上角→输入图形的插入比例为
　　1→确定,环形折弯的轮廓截面如图 4-28(b)所示→确定。

(3)继续指定环形折弯的其他约束。

折弯类型:"360°折弯"→指定折弯的起始平面(轮胎板的左端面)→指定折弯的终止平面(轮胎板的右端面)→确定☑。骨架折弯结果如图 4-28(c)所示。

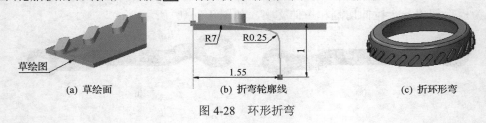

（a）草绘面　　　　　　（b）折弯轮廓线　　　　　（c）折环形弯

图 4-28　环形折弯

step6　镜像环形折弯面组。

【模型】选项→"操作"→"特征操作"→"复制"→"镜像、所有特征、独立"→【完成】→选择 DTM1 面作为镜像面→【确定】。镜像结果如图 4-29(a)所示。

step7　合并面组。

【模型】选项→按住 Ctrl 键,选择环形折弯面组与镜像面组→合并◙→切换保留的材料侧,如图 4-29(b)所示→确定☑。

step8　实体化合并面组。

【模型】选项→选择合并面组→实体化☑→确定☑。轮胎如图 4-29(c)所示。

（a）镜像　　　　　　　　（b）合并　　　　　　　　（c）实体化

图 4-29　轮胎实体化

练习 9　瓶子(图形基准)设计。

step1　新建▢→零件模块,文件名: bottle.prt。

step2　创建一根用于变截面扫描的主轨迹曲线。

【模型】选项→草绘基准曲线◠→选择 FRONT 面为草绘面→绘制如图 4-30(a)所示的一根直线→确定☑。

step3　创建四根附加轨迹。

(1)草绘第二根轨迹曲线。

【模型】选项→草绘基准曲线◠→"使用先前的"→视图定向⬚→绘制如图 4-30(b)所示的轮廓曲线→确定☑。

(2)镜像第二根轨迹曲线。

【模型】选项→选中第二根轨迹曲线→镜像◗◖→选择 RIGHT 面→确定☑。镜像结果如图 4-30(c)所示。

(3)复制第二根、第三根轨迹曲线。

【模型】选项→"操作"→"特征操作"→"复制"→"新参考、选择、独立"→【完

成】→按住 Ctrl 键，选中第二根、第三根轨迹曲线→【确定】→选中 DIM2 和 DIM8 的
方框→【完成】→给 DIM2 输入新的尺寸 20→确定☑→给 DIM8 输入新的尺寸 20→确
定☑→选择 RIGHT 面替代 FRONT 面→选择 FRONT 面替代 RIGHT 面→"相同"→"反
向"→【确定】→【确定】→【完成】。复制结果如图 4-30(d)所示。

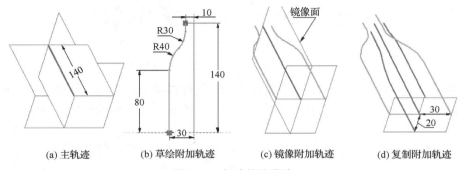

(a) 主轨迹　　　(b) 草绘附加轨迹　　　(c) 镜像附加轨迹　　　(d) 复制附加轨迹

图 4-30　创建轨迹曲线

step4　创建一个变截面扫描特征。

【模型】选项→扫描🗝→变截面☑→【参考】→先选中主轨迹曲线，然后按住 Ctrl 键，
依次选中外围的四根附加轨迹→创建扫描截面☑→视图定向🗝→绘制如图 4-31(a)所示
的扫描截面→确定☑→确定☑。变截面扫描特征如图 4-31(b)所示。

step5　创建一个图形基准。

【模型】选项→"基准"→创建图形基准图标☑→键入图形特征名：radius→确定☑→绘
制如图 4-32(a)所示的二维图形→确定☑。

step6　利用关系将图形基准加入变截面扫描特征中，以控制截面半径的变化。

(1)将图形基准移动到变截面扫描特征的前面。

在模型树上选中 radius 图形基准特征，将其拖动到变截面扫描特征的前面。

(2)重新编辑定义变截面扫描特征。

在模型树上选中变截面扫描特征，在鼠标右键菜单上选择"编辑定义"→扫描截面☑→
【工具】→【d=关系】→键入关系"sd9=EVALGRAPH（"RADIUS",TRAJPAR*140)/5"，其
中 sd9 是半径的尺寸代号→【确定】→确定☑→确定☑。

(3)在瓶底加入半径为 5 的倒圆角特征。

(4)为瓶子抽壳，除了瓶底厚度为 2.5 以外，其他地方厚度为 1。

【模型】选项→抽壳🗝→选择去除瓶口表面→键入厚度值为 1→【参考】→非默认厚度→
指定瓶底表面→键入瓶底厚度值为 2.5→确定☑。瓶子最终形状如图 4-32(b)所示。

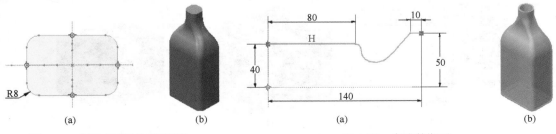

(a)　　　　　　　(b)　　　　　　　　　　　(a)　　　　　　　(b)

图 4-31　创建变截面扫描特征　　　　　　图 4-32　完成的瓶子

第 5 章

Creo Parametric 装配设计

在零件模块下设计各种复杂零件，最终需要在装配模块下，按照工作状态装配在一起形成一个产品。工作状态下，在装配件中处于固定位置的零件使用约束装配，处于运动状态的零件使用连接装配。

另外，利用装配模块的一些独特功能也可以在装配模块下快捷创建新的零件。

5.1　约束装配

Creo Parametric 的装配模块下的零件简称为元件。约束装配可以确定元件在装配件中的固定方式。

任何一个装配件都会有一个基本元件，首先将其用空装配调入装配模块中。第二个元件调入装配模块后，根据新元件和基本元件的装配位置，选择面特征或其他特征作为装配参照，并指定装配约束形式，将其装配到基本元件上，这样就可以将元件逐一装配到装配件中。

常见的装配约束类型有以下几种。

(1)重合▉▉：元件参照与装配参照重合，见图 5-1(a)、(b)。

(2)距离▉▉：元件参照与装配参照偏移指定距离，见图 5-1(c)、(d)。

(3)法矢▉▉：元件参照与装配参照垂直，见图 5-1(e)。

(4)角度偏移▉▉：元件参照与装配参照倾斜指定角度，见图 5-1(f)。

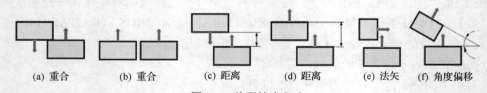

(a) 重合　　　　(b) 重合　　　　(c) 距离　　　　(d) 距离　　　　(e) 法矢　　(f) 角度偏移

图 5-1　装配约束(一)

(5)平行▉▉：元件参照与装配参照平行，见图 5-2(a)。

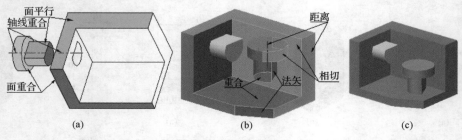

(a)　　　　　　　　　　　(b)　　　　　　　　　　　(c)

图 5-2　装配约束(二)

(6) 相切✔: 元件参照与装配参照相切，见图 5-2(b)。

(7) 固定🔒: 按元件在装配件上的当前位置放置。

(8) 默认⌐: 元件坐标系与装配坐标系重合。

5.2　连接装配

连接装配可以确定元件在装配件中的运动方式。使用连接装配，不仅可以进行活动元件的运动仿真模拟；还可以在元件运动范围内，拖动元件进行动干涉检查。

连接约束是能实现特定运动(含固定)的组合约束，包括销、圆柱、滑块、轴承、平面、球、6DOF、常规、刚性、焊缝、万向和槽共 12 种。

几种常用连接方式如下。

(1) 销连接🖊: 元件可以绕轴旋转，具有一个旋转自由度。由一个"轴对齐"约束和一个与轴垂直的"平移"约束组成。轴对齐约束可选择直边、轴线或圆柱面，可"反向"；平移约束可以是两个点对齐，也可以是两个平面的偏移或重合，可"反向"。

(2) 滑块连接🔲: 元件可以沿轴平移，具有一个平移自由度。由一个"轴对齐"约束和一个"旋转"约束(实际上是一个与轴平行的平移约束)组成。轴对齐约束可选择直边、轴线或圆柱面，可"反向"；旋转约束选择两个平面，偏移量根据元件所处位置自动计算，可"反向"。

(3) 圆柱连接🖊: 元件在绕轴线旋转的同时可沿轴线平移，具有一个旋转自由度和一个平移自由度。由一个"轴对齐"约束组成，比销连接少了一个平移约束。

图 5-3 显示了一个铰链的装配情况，图 5-3(a)所示为铰链二"销连接"装配到铰链一，图 5-3(b)所示为销钉约束装配到铰链一，图 5-3(c)所示为铰链的动态仿真模拟。

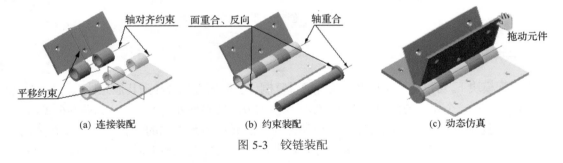

(a) 连接装配　　　　　　　(b) 约束装配　　　　　　　(c) 动态仿真

图 5-3　铰链装配

5.3　元件操作

5.3.1　替换元件

可以用一个新的元件来替换装配件里的一个元件。先将被替换元件和新元件创建一个具备互换功能的装配组，并根据被替换元件在装配件里的约束参照，在新元件上指定相对应的参照。这个可以互换元件的装配组就可以用来替换含有互换元件的装配件。

图 5-4(a)所示为原始装配件，现在要用 connectorB 元件替换原始装配件中的 connectorA 元件，只需先创建一个互换元件的装配组，根据 connectorA 在原始装配件里的装配约束，在

connectorB 上也指定相应的约束参照，如图 5-4(b) 所示。在原始装配件里就可以使用该互换元件装配组来切换使用这两个互换元件，如图 5-4(c) 所示。

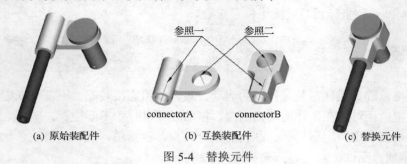

(a) 原始装配件   (b) 互换装配件   (c) 替换元件

图 5-4 替换元件

5.3.2 镜像元件

装配功能不仅用于元件装配，还可用于其他目的。

在装配模块下，创建一个临时装配件，可以参照原始元件创建一个与原始原件成镜像结构的新元件，如图 5-5 所示。

(a) 原始零件   (b) 装配元件   (c) 镜像零件

图 5-5 创建镜像元件

5.3.3 合并和切除元件

在装配模块下，可以将一个或多个元件通过复制或参照的方式合并到其他元件上，如图 5-6(d) 所示。也可以在一个元件的模型上通过复制或参照的方式切除另外一个元件，如图 5-6(e) 所示。

如果是复制方式，合并或切除后的新元件与参照元件间是独立的，否则，就是相关的，图 5-6 所示的合并与切除采用的是参照方式，当第二个元件发生改变时，合并与切除的元件也会产生相应的改变。

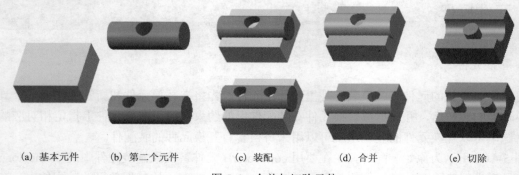

(a) 基本元件   (b) 第二个元件   (c) 装配   (d) 合并   (e) 切除

图 5-6 合并与切除元件

5.3.4　重复元件

装配件若使用了多个相同的元件，可对该元件进行快速重复装配。

该元件在第一次调入时指定装配约束，如图 5-7(a) 所示。在装配模型树上选中需要重复装配的元件，在鼠标右键菜单上单击"重复"，在重复装配的对话框中，选择需要改变的装配参照，单击【添加】，然后在装配件上直接指定装配参照，可多次重复地在装配件上进行快速装配，省略了每次装配时选择元件参照的步骤。元件的重复装配如图 5-7(b) 所示。

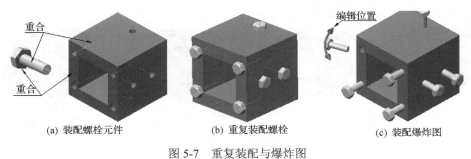

(a) 装配螺栓元件　　　　　(b) 重复装配螺栓　　　　　(c) 装配爆炸图

图 5-7　重复装配与爆炸图

5.4　装配爆炸图

【视图】→分解图图标▥，系统可自动创建装配爆炸图，该爆炸图只是元件分解的视觉效果，并没有改变元件之间的相对位置。

【视图】→编辑位置图标▧，可以编辑定义元件分解的位置，增加装配件爆炸图表达的灵活性。装配爆炸图如图 5-7(c) 所示。

5.5　装配级切口

在装配模块下也可以生成装配级的切割特征。系统默认的情况下，装配级切口特征会切割装配件上与之相交的所有零件，并且装配级切割特征只在装配级可见，在零件级不可见。但根据设计的需要，也可以专门指定与装配级切割特征相交的零件，以及装配级切口特征在零件级是否可见。如图 5-8(a) 所示为原始装配件，图 5-8(b) 所示为系统默认情况下，装配级切割特征切割了与之相交的所有零件，图 5-8(c) 所示为指定只切割装配件的上下两个零件。

(a) 装配　　　　　　　　(b) 系统默认　　　　　(c) 指定切割上下两个元件

图 5-8　组件级切口

5.6　主模型技术

　　主模型技术体现了自上而下的设计理念。先在零件模块下设计一个产品最终外形的模型,该模型称为主模型,如图 5-9(a)所示为鼠标产品的主模型。在装配环境下,采用参照方式下元件的合并功能,可以生成多个主模型的衍生元件,图 5-9(b)显示了利用鼠标主模衍生出五个与主模型相关的元件。当主模型的形状改变时如图 5-9(c)所示,其衍生的元件形状也会发生相应的改变,如图 5-9(d)所示。

(a) 主模型　　　　　(b) 主模型衍生五个元件　　　(c) 主模型状变化　　　(d) 衍生的元件自动更新

图 5-9　主模型与其衍生的相关元件

5.7　本章实例练习

练习 1　装配伞齿轮组件(约束装配)。

step1　选择工作目录▣→chapter5/gear。

step2　创建一个空装配件。

　　新建▢→装配模块,键入文件名:gear→清除"使用默认模板"框→【确定】→单击"空"→【确定】。

step3　调入第一个元件—bracket。

　　【模型】选项→组装▣→选择文件"bracket.prt"→【打开】。

step4　调入第二个元件—bushing.prt,并将其装配到 bracket 零件上。

　　【模型】选项→组装▣→选择文件"bracket.prt"→【打开】→【放置】,bushing 零件的装配约束如图 5-10 所示。

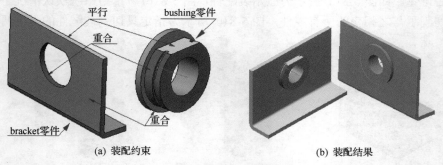

(a) 装配约束　　　　　　　　　　　　(b) 装配结果

图 5-10　装配 bushing 元件

step5　装配 ring 元件。

【模型】选项→组装 → 选择文件"ring.prt"→【打开】→【放置】，ring 零件的装配约束如图 5-11 所示。

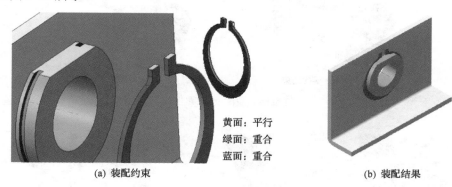

黄面：平行
绿面：重合
蓝面：重合

(a) 装配约束

(b) 装配结果

图 5-11 装配 ring 元件

step6 装配 master_shaft 元件。

（1）隐藏 bushin 和 ring 零件的基准面。

图层/模型树切换 →"层树"→单击"bushin.prt"→选中"DATUMS"→鼠标右键菜单单击"隐藏"→单击"ring.prt"→选中"DATUMS"→鼠标右键菜单单击"隐藏"→图层/模型树切换→"模型树"。

（2）调入 master_shaft 元件。

【模型】选项→组装 → 选择文件"master_shaft.prt"→【打开】。

（3）显示 master_shaft 元件的基准面。

图层/模型树切换 →层树→单击"master_shaft.prt"→选中"DATUMS"→鼠标右键菜单单击"取消隐藏"。

（4）装配 master_shaft 元件。

【放置】，master_shaft 零件的装配约束如图 5-12 所示。

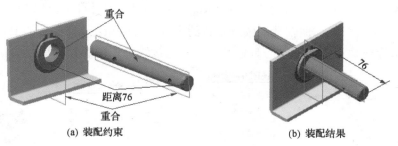

重合

距离76

重合

(a) 装配约束

76

(b) 装配结果

图 5-12 装配 master_shaft 元件

step7 装配 gear 元件。

【模型】选项→组装 →选择文件"gear.prt"→【打开】→【放置】，ring 零件的装配如图 5-13 所示。

step8 装配 crank 元件。

【模型】选项→组装 →选择文件"crank.prt"→【打开】→【放置】，crank 零件的装配如图 5-14 所示。

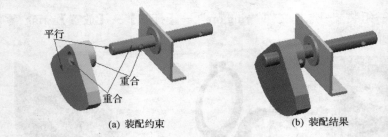

(a) 装配约束　　　　　　　　　　　　　(b) 装配结果

图 5-13　装配 gear 元件

(a) 装配约束　　　　　　　　　　　　　(b) 装配结果

图 5-14　装配 crank 元件

练习 2　装配汽缸活塞组件（连接装配）。

step1　选择工作目录 ⬛ →chapter5/piston。

step2　创建一个空装配件。

新建⬛ →装配模块，键入文件名：piston_asm→清除 "使用默认模板" 复选框→【确定】
→单击 "空" →【确定】。

step3　调入第一个气缸 block 元件。

【模型】选项→组装⬛ →双击文件 "block.prt"。

step4　装配曲轴 crankshaft 元件，曲轴与气缸是 "销" 连接。

【模型】选项→组装⬛ →双击文件 "crankshaft.prt" →销连接⬛ →【放置】→轴对齐约束：
选择曲轴主轴线与缸体曲轴孔的轴线重合约束→平移约束：选择曲轴的 DTM3 和缸体的
SIDE 面重合→确定⬛。曲轴与缸体的 "销" 连接约束如图 5-15（a）所示。

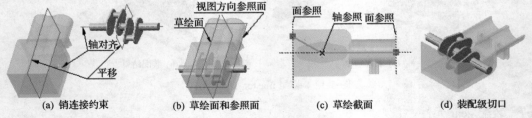

(a) 销连接约束　　　(b) 草绘面和参照面　　　(c) 草绘截面　　　(d) 装配级切口

图 5-15　曲轴与气缸 "销" 连接

step5　创建一个装配级切口。以便观察缸体内部情况。

【模型】选项→拉伸⬛ →【放置】→【定义】→草绘平面：选缸体的 SIDE 面→视图方向
参考面：选缸体的 TOP 面、顶，如图 5-15（b）所示→【草绘】→添加缸体的两个曲面和
曲轴孔的轴线为新的草绘参照→绘制如图 5-15（c）所示的草绘截面→确定⬛ →拉伸深度：

侧 1，穿透；侧 2，穿透→【相交】→清除"自动更新"复选框→选中 crankshaft.prt，在鼠标右键菜单选择"移除"→确定☑，拉伸切割结果如图 5-15（d）所示。

step6　装配活塞 piston.prt 元件，活塞与气缸是"滑块"连接。

　　【模型】选项→组装📷→双击文件"piston.prt"→滑块连接▢→【放置】→轴对齐约束：选择活塞中心轴与汽缸中心轴重合，反向→旋转约束：选择活塞的 SIDE 面与汽缸的 TOP 面重合→打开 3D 拖动器🖐，沿轴向拖动活塞至合适位置→确定☑。活塞与气缸的"滑块"连接装配如图 5-16 所示。

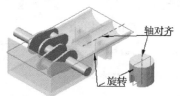

(a) 滑块约束　　　　　　　　　　　(b) 活塞轴向移动

图 5-16　活塞与气缸"滑块"连接

step7　装配连杆 rod.prt 元件，连杆与活塞是"销"连接。

　　【模型】选项→组装📷→双击文件"rod.prt"→销连接⦰→【放置】→轴对齐约束：选择连杆销孔轴线与活塞销孔的轴线重合约束→平移约束：选择连杆的 FRONT 面和活塞的 FRONT 面重合→打开 3D 拖动器🖐，拖动连杆绕销孔轴线旋转至合适位置→确定☑。连杆与活塞的"销"连接装配如图 5-17 所示。

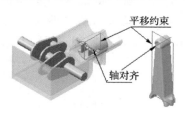
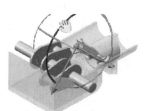

(a) 销约束　　　　　　　　　　　　(b) 连杆绕轴旋转

图 5-17　连杆与活塞"销"连接

step8　继续装配连杆 rod.prt 元件，连杆与曲轴是"销"连接。

　　【模型】选项→在模型树上选中连杆元件 rod.prt→鼠标右键菜单选择"编辑定义"→【放置】→"新建集"→轴对齐约束：选择连杆上的曲轴孔轴线 A_2 与曲轴上 A_7 轴线重合约束→平移约束：选择连杆的 FRONT 面和曲轴的 DTM6 面重合→确定☑→拖动元件🖐→单击曲轴元件，旋转鼠标，动态仿真连杆与曲轴的"销"连接。连杆与曲轴的"销"连接装配如图 5-18 所示。

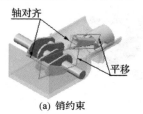

(a) 销约束　　　　　　(b) "销"连接　　　　　　(c) 拖动旋转曲轴

图 5-18　连杆与曲轴"销"连接

step9　约束装配连杆端盖 rod_cap.prt 元件。

【模型】选项→组装 →双击文件"rod_cap.prt"→【放置】，rod_cap 零件的装配约束如图 5-19（a）所示。

(a) 装配约束　　　　　　　　(b) 动态仿真

图 5-19　气缸活塞组件的运动仿真

step10　用同样的方法装配另一侧的活塞组件（活塞、连杆和连杆端盖）。

step11　拖动元件 →单击曲轴→选择鼠标，动态模拟气缸活塞组件的运动情况→再次单击曲轴→停止仿真模拟，如图 5-19（b）所示。

练习3　替换刹车组件里的刹车盘元件。

step1　选择工作目录 →chapter5/REPLACE。

step2　先删除 SOLID 刹车盘，再试图装配 HOLLOW 刹车盘。

(1)打开 →刹车组文件名：BRAKE_HUB.ASM。

(2)模型树上选中"DISK_BRAKE_SOLID.PRT"，在鼠标右键菜单选择"删除"。注意到系统加亮了其后的两个刹车片元件。如果要删除刹车盘元件，两块刹车片也会一并删除。因为刹车片的装配约束参照了 SOLID 刹车盘，它们之间有父子关系。

(3)取消"删除"命令。

(4)关闭 BRAKE_HUB.ASM 窗口。

step3　创建一个新的互换元件组，使用替换元件的方式，可保留被替换元件的父子关系。

(1)创建一个新的刹车盘互换组件。

新建 →类型："装配"，子类型："互换"，如图 5-20（a）所示→键入文件名：DISK→【确定】。

(2)在模型树上选中"DISK.ASM"→鼠标右键菜单选择"添加元件"→双击"DISK_BRAKE_SOLID.PRT"。

(3)组装互换元件 →双击"DISK_BRAKE_HOLLOW.PRT"。

(4)切换层树 →选中"DATUMS"，鼠标右键菜单选择"取消隐藏"→切换模型树 。

(5)装配 DISK_BRAKE_HOLLOW.PRT，装配约束如图 5-20（b）所示。

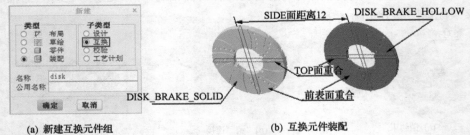

(a) 新建互换元件组　　　　　　(b) 互换元件装配

图 5-20　互换元件组件

（6）为互换组件的元件设置同等的装配约束。

打开参考配对表→活动元件：选择 DISK_BRAKE_SOLID.PRT→根据装配创建标记：打开，双击 BRAKE_HUB.ASM→要配对的元件：选择 DISK_BRAKE_HOLLOW.PRT→【创建所需的标记】→单击"TAG0"，在屏幕上拖动标记点到 DISK_BRAKE_HOLLOW.PRT 的前表面→单击"TAG1"，在屏幕上拖动标记点到 DISK_BRAKE_HOLLOW.PRT 的轴线→【确定】。

step4　使用互换组件自动替换元件。

（1）再次打开刹车组件 BRAKE_HUB.ASM。刹车原始组件如图 5-21（a）所示。

（2）在模型树上，选中 DISK_BRAKE_SOLID.PRT，在鼠标右键菜单选择"替换"，系统打开"替换"对话框→选择新元件：打开→双击"DISK.ASM"→单击"DISK_BRAKE_HOLLOW.PRT"，如图 5-21（b）所示→【确定】，确认打开的新元件→【应用】，确认新元件替换当前元件→【确定】，退出替换对话框。元件替换结果如图 5-21（c）所示。

（a）原始刹车组件　　　（b）利用互换组件替换元件　　　（c）替换元件后的刹车组件

图 5-21　元件替换

练习 4　设计水雷装配件（复制元件）。

step1　选择工作目录→chapter5/MINE。

step2　新建→装配模块，键入文件名：MINE→清除"使用默认模板"复选框→【确定】→单击"空"→【确定】。

step3　装配第一个 BODY 元件。

【模型】选项→组装→选择文件"BODY.PRT"→【打开】，BODY 零件如图 5-22（a）所示。

step4　调入第二个 SPOKE 元件，并将其装配到 BODY 零件上。

【模型】选项→组装→选择文件"SPOKE.PRT"→【打开】→装配约束：BODY 轴线与 SPOKE 轴线重合→BODY 上的基准面 DTM2 与 SPOKE 上的基准面 DTM1 距离 14→确定。装配结果如图 5-22（b）所示。

step5　复制 SPOKE 元件。

【模型】选项→"元件"→"元件操作"→"复制"→选择 BODY 零件的坐标系→选择需复制的元件 SPOKE→【确定】→"旋转"→"Y 轴"→键入"45"→确定→"完成移动"→键入复制个数 4→确定→【完成】。复制结果如图 5-22（c）所示。

step6　再次复制 SPOKE 元件。

【模型】选项→"元件"→"元件操作"→"复制"→选择 BODY 零件的坐标系→按住 Shift 键，选择中间三个 SPOKE 元件→【确定】→"旋转"→"Z 轴"→键入"45"→确定→"完成移动"→键入复制个数 8→确定→【完成】。复制结果如图 5-22（d）所示。

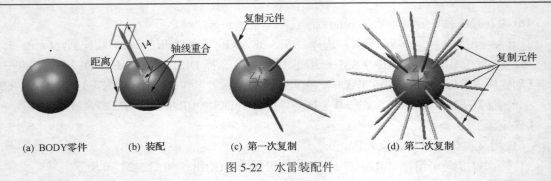

图 5-22　水雷装配件

(a) BODY零件　　(b) 装配　　(c) 第一次复制　　(d) 第二次复制

练习 5　创建左转向节零件（镜像元件）。

step1　选择工作目录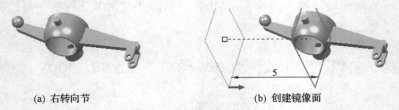→chapter5/MODE。

step2　新建□→装配模块，键入文件名：MIRROR_KNUCKLE→清除"使用默认模板"复选
框→【确定】→单击"空"→【确定】。

step3　装配第一个元件—右转向节。

【模型】选项→组装→选择文件"RIGHT_KNUCKLE.PRT"→【打开】，RIGHT_
KNUCKLE 零件如图 5-23（a）所示。

step4　显示 RIGHT_KNUCKLE.PRT 零件的基准面。

模型树/图层切换→"层树"→选中"DATUMS"图层→鼠标右键菜单上选择"取消
隐藏"→模型树/图层切换→"模型树"。

step5　创建用于镜像元件的基准面。

【模型】选项→基准面　→选择"SIDE"面→"偏移"→键入偏移距离-5→【确定】。
新建的镜像面如图 5-23（b）所示。

(a) 右转向节　　　　　　　　　　(b) 创建镜像面

图 5-23　右转向节零件

step6　镜像创建左转向节（LEFT_KNUCKLE.PRT）。

【模型】选项→创建元件→类型：零件。子类型：镜像→键入文件名：LEFT_KNUCKLE→
【确定】→零件参考：选择右转向节零件→平面参考：选择 ADTM1→【确定】，元件镜
像结果如图 5-24 所示。

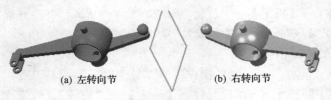

(a) 左转向节　　　　　　　　　(b) 右转向节

图 5-24　左转向节零件

step7　保存左转向节零件。

　　　在模型树上选中 LEFT_KNUCKLE 零件→鼠标右键菜单上单击"打开"→存盘🖫→【确定】。

step8　装配文件（MIRROR_KNUCKLE.asm）不需要保存。

练习6　设计电器组件（装配级切口）。

step1　选择工作目录📁→chapter5/SHEEL。

step2　新建🗋→装配模块，键入文件名：shell→清除"使用默认模板"复选框→【确定】→
　　　单击"空"→【确定】。

step3　装配外壳元件 shell_outer。

　　　【模型】选项→组装🔧→选择文件"shell_outer.prt"→【打开】。

step4　装配内壳元件 shell_inner。

　　　（1）调入 shell_inner。

　　　【模型】选项→组装🔧→选择文件"shell_inner.prt"→【打开】。

　　　（2）显示 shell_outer 和 shell_inner 两个元件的坐标系原点。

　　　切换层树📑→切换到 shell_inner.prt 图层→选中 DEF_CSO，在鼠标右键菜单上选择
　　　"取消隐藏"→切换到 shell_outer.prt 图层→选中 DEF_CSO，在鼠标右键菜单上选择
　　　"取消隐藏"，如图 5-25（a）所示→切换模型树📑→选择约束类型：默认🔲→确定✔。

step5　调入线圈元件 coil，并将其装配到 sheel.asm 上。

　　　【模型】选项→组装🔧→选择文件"coil.prt"→【打开】→装配约束：coil 长轴线与 shell_
　　　outer 长轴线重合→coil 上的一根短轴线与 shell_inner 的一根短轴线重合→coil 上的面与
　　　shell_inner 的面距离 0.7，如图 5-25（b）所示→确定✔。sheel 装配件如图 5-25（c）所示。

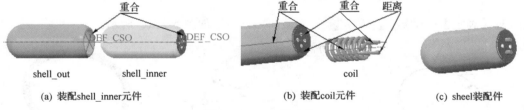

　　　　　（a）装配shell_inner元件　　　　　　　（b）装配coil元件　　　　　　（c）sheel装配件

图 5-25　sheel 装配件

step6　创建一个装配级切口。

　　　（1）设置在模型树上显示装配级特征。模型树设置⛭→选中特征框→【确定】。

　　　（2）草绘切口形状。

　　　【模型】选项→"切口和曲面"面板的拉伸🗖→草绘面选择基准面→添加草绘参照🖿：
　　　选择轴线→切换草绘视图方向🔄→绘制如图 5-26（a）所示的切口图形→确定✔。

　　　（3）确定与切口特征相交的元件。

　　　【选项】→切口深度：穿透🗍→"相交"→清除"自动更新"复选框→在系统默认的相
　　　交模型中，选中 coil 模型，在鼠标右键菜单上选择"移除"→显示级：顶级→确定✔。
　　　添加了切口的 sheel 装配件如图 5-26（b）所示。

　　　（4）因为切口的显示等级是顶级，即切口在装配环境中可见。shell_outer 和 shell_inner 在
　　　　　零件环境中打开，是没有切口特征的。

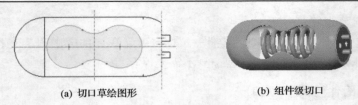

(a) 切口草绘图形　　　　　　　　(b) 组件级切口

图 5-26　带装配级切口的 sheel 装配件

练习 7　设计驾驶方向盘（主模型技术）。

step1　新建🗋→零件模块，文件名 st_wheel_mast_model.prt，选中"使用默认模板"→确定✔。

step2　创建一根基准曲线。

【模型】选项→基准曲线◠→选择 TOP 面→【草绘】→绘制一个直径为 14 的圆，如图 5-27(a) 所示。

step3　方向盘盘圈建模。

(1) 变截面扫描特征。

【模型】选项→扫描◌→变截面◿→【参考】→扫描轨迹：选择基准曲线→扫描截面☑→视图定向➴→绘制如图 5-27(b) 所示的扫描截面。

(2) 为扫描截面加入关系。

【工具】→【d=关系】→键入如下关系：

```
sd3 = 0.5                           sd3 圆弧半径
sd17 = sqrt(2)-1                    sd17、sd18 二次曲线的曲率半径
sd18 = sqrt(2)-1
sd9=sd3-(sin(trajpar*360*36)+1)/8
```

(3)【确定】→确定✔→确定✔。变截面扫描特征如图 5-27(c) 所示。

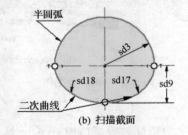

(a) 扫描轨迹　　　　　　　(b) 扫描截面　　　　　　　(c) 变截面扫描

图 5-27　变截面扫描特征

step4　气囊盒基座建模。

(1) 拉伸特征。

【模型】选项→拉伸◻→选择 TOP 面作为草绘面→视图定向➴→绘制如图 5-28(a) 所示的拉伸截面→确定✔→深度选项：侧 1，盲孔深 0.5；侧 2，盲孔深 1.25→确定✔。拉伸特征如图 5-22(b) 所示。

(2) 给气囊盒加入 15° 的拔模特征和半径为 1 的倒圆角。如图 5-28(c) 所示。

step5　方向盘支架建模。

(1) 新建一根基准轴。

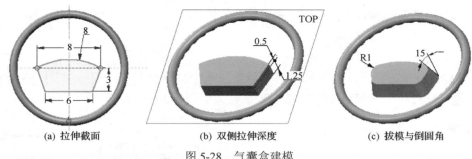

(a) 拉伸截面　　　　　(b) 双侧拉伸深度　　　　　(c) 拔模与倒圆角

图 5-28　气囊盒建模

【模型】选项→基准轴⊘→按住 Ctrl 键，选择 RIGHT 面（穿过）和 FRONT 面（穿过）→【确定】。

（2）新建一个基准面 DTM1。

【模型】选项→基准面⊘→按住 Ctrl 键，选择新建的轴线（穿过）和 FRONT 面（偏移）→输入偏移角 5°→【确定】。

（3）新建一根扫描轨迹曲线。

【模型】选项→草绘基准曲线⌒→选择新建的基准面 DTM1 为草绘面→【草绘】→视图定向→绘制如图 5-29（a）所示的草绘截面→确定✓。

（4）创建扫描特征。

【模型】选项→扫描⊘→参考：选择新建的轨迹曲线→草绘截面⊘→视图定向→绘制如图 5-29（b）所示的扫描截面→确定✓→确定✓。定截面扫描特征如图 5-29（c）所示。

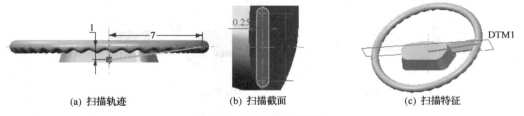

(a) 扫描轨迹　　　　　(b) 扫描截面　　　　　(c) 扫描特征

图 5-29　定截面扫描特征

step6　旋转复制和镜像支架。

（1）旋转复制支架。

【模型】选项→"操作"→"特征操作"→"复制"→"移动、选择、从属"→【完成】→选择支架扫描特征→【确定】→"旋转、曲线\边\轴"→选择轴线→"反向"→【确定】→键入旋转角度 45°→确定✓→"完成移动"→【完成】→【确定】。旋转复制特征如图 5-30（a）所示。

（2）镜像复制右侧两个支架。

【模型】选项→"操作"→"特征操作"→"复制"→"镜像、选择、从属"→【完成】→按住 Ctrl 键，选择右侧两个支架特征→【确定】→选择 RIGHT 面作为镜像面→【完成】。镜像复制特征如图 5-30（b）所示。

step7　用曲面替换气囊盒的上表面。

（1）新建一个拉伸面组。

【模型】选项→拉伸⊘→面组⊘→选择 FRONT 面作为草绘面→视图定向→绘制如

图 5-30(c)所示的拉伸截面→确定☑→深度选项：双侧，盲孔深 8→确定☑。拉伸面组如图 5-30(d)所示。

(2)面组替换。

【模型】选项→选择过滤器切换到"几何"→选中气囊盒的上表面→偏移⬛→替换曲面特征⬛→选择拉伸面组确定☑。曲面替换结果如图 5-30(e)所示。

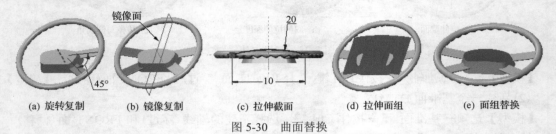

(a) 旋转复制　　(b) 镜像复制　　(c) 拉伸截面　　(d) 拉伸面组　　(e) 面组替换

图 5-30　曲面替换

step8　创建一个封闭端拉伸面组。

【模型】选项→拉伸⬛→面组⬛→选择 TOP 面作为草绘面→参照⬛→删除系统默认参照→视图定向⬛→取偏移边⬛→"链"→绘制如图 5-31(a)所示的拉伸截面→确定☑→深度选项：侧 1，盲孔深 2；侧 2，盲孔深 1→选中"封闭端"→确定☑。封闭端拉伸面组如图 5-31(b)所示。

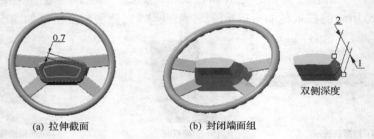

(a) 拉伸截面　　　　　　(b) 封闭端面组

图 5-31　封闭端拉伸面组

step9　关闭主模型 st_wheel_mast_model.prt 窗口。

step10　使用主模型技术创建气囊盖和气囊盒。

新建一个临时装配件 temp.asm。

新建⬛→装配模块，键入文件名：temp→清除"使用默认模板"复选框→【确定】→单击"空"→【确定】。

step11　装配方向盘主模型 st_wheel_mast_model。

【模型】选项→组装⬛→选择文件"st_wheel_mast_model.prt"→【打开】。

step12　创建一个空零件 abag_temp.prt。

【模型】选项→创建新元件⬛→类型："零件"；子类型："实体"→【确定】→创建方法："定位默认基准"；定位基准方法：坐标系对齐坐标系→【确定】→选择主模型的坐标系。

step13　将主模型 st_wheel_mast_model.prt 合并到空零件 abag_temp.prt 上。

【模型】选项→"元件"→"元件操作"→"合并"→选择合并零件：abag_temp.prt→【确定】→选择参照零件：st_wheel_mast_model.prt→【确定】→"参考"，"无基准"→【完成】。

step14　关闭临时装配件 temp.asm 窗口。

step15　创建气囊盒和气囊盖。

(1) 打开 📂→选择文件 abag_temp.prt→【打开】，abag_temp.prt 零件如图 5-32(a) 所示，模型树上有一个合并特征，该合并特征被主模型 st_wheel_mast_model.prt 零件控制，即 abag_temp.prt 零件随主模型改变而改变。

(2) 用面组裁剪模型实体得到带气囊盒的方向盘零件。

【模型】选项→选中封闭端面组→实体化 ☑→裁剪 ☑→确定 ☑，裁剪结果如图 5-32(b) 所示→"文件"→另存为→保存副本→键入新文件名：bag_cavity.prt→【确定】。

(3) 用面组裁剪模型实体得到气囊盖。

在模型树上选中"实体化"特征→鼠标右键菜单"编辑定义"→变换裁剪方向 ☑→确定 ☑，裁剪结果如图 5-32(c) 所示→抽壳 回→【参考】→移除的曲面：选取所有的侧面和底面→键入壳厚度为 0.25→确定 ☑→"文件"→另存为→保存副本→键入新文件名：bag_cuver.prt→【确定】。

step16　新建方向盘装配件 st_wheel.asm。

创建一个空装配件。

新建 □→装配模块，键入文件名：st_wheel.asm→清除"使用默认模板"复选框→【确定】→单击"空"→【确定】。

step17　调入 bag_cavity.prt 元件。

【模型】选项→组装 ☑→选择文件"bag_cavity.prt"→【打开】。

step18　装配 bag_cover.prt 元件。

【模型】选项→组装 ☑→选择文件"bag_cover.prt"→【打开】→放置约束：默认 ⊨→【视图】→分解图 🖳→编辑位置 ☑→确定 ☑，方向盘的分解图如图 5-32(d) 所示。

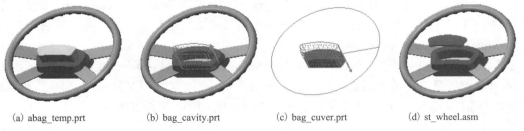

(a) abag_temp.prt　　　　(b) bag_cavity.prt　　　　(c) bag_cuver.prt　　　　(d) st_wheel.asm

图 5-32　主模型技术的应用

练习 8　设计物品盒（数据共享技术）。

step1　创建盒体零件。

(1) 新建 □→零件模块，文件名：box_cavity→【确定】。

(2)【模型】选项→拉伸 □→选择 TOP 面作为草绘面→绘制一个前后左右对称的矩形截面，长 20，宽 12→确定 ☑→单侧深度 10→确定 ☑，见图 5-33(a)。

(3)【模型】选项→倒圆角 🔳→选择四条棱边倒圆角，圆角半径 3→确定 ☑，见图 5-33(b)。

(4)【模型】选项→倒圆角 🔳→选择盒体底边倒圆角，圆角半径 1→确定 ☑，见图 5-33(b)。

(5)【模型】选项→抽壳 回→选择移除盒体上表面→壳体厚度 0.5→确定 ☑，见图 5-33(c)。

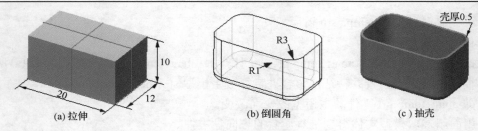

图 5-33　盒体 box_cavity.prt

（6）将盒体零件的侧面定义成发布几何，可以给盒盖零件共享数据。

【模型】选项→"模型意图"→"发布几何"🖼→曲面集【细节】→【添加】→锚点：选择盒体环面，见图 5-34（a）→环边：选择环面的外环上任意一条边，见图 5-34（b）→【确定】→确定☑，盒体的侧面已经定义为发布几何，见图 5-34（c）。

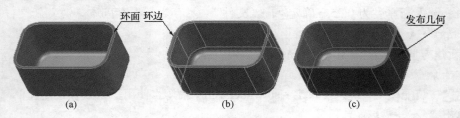

图 5-34　定义发布几何

（7）保存盒体 box_cavity.prt 零件。

step2　创建盒盖零件。

（1）新建▯→零件模块，文件名：box_cover→【确定】。

（2）从 box_cavity 零件复制发布几何到 box_cover 零件。

【模型】选项→"获取数据"→复制几何📄→打开📂→双击 box_cavity.prt→默认，【确定】→【参考】→激活选择发布几何→在小窗口单击发布几何→确定☑，见图 5-35（a）。

（3）参照外部复制几何创建盒盖零件。

【模型】选项→拉伸📄→选择 TOP 面作为草绘面→取偏移边▣→"链"→在发布几何上选择任意一条边界边→再选择相邻的一条边界边→"接受"→【Y】→输入偏移距离 0.5→确定☑，见图 5-35（b）→确定☑→拉伸厚度 5→确定☑，见图 5-35（c）。

（4）隐藏发布几何。

在模型树上选中"外部复制几何"→在鼠标右键菜单上选"隐藏"。

（5）【模型】选项→倒圆角▣→选择盒盖底边倒圆角，圆角半径 1→确定☑。

（6）【模型】选项→抽壳▣→选择移除盒盖上表面→壳体厚度 0.5→确定☑，见图 5-35（d）。

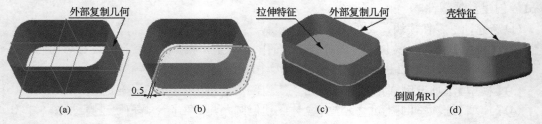

图 5-35　盒盖 box_cover.prt

(7) 保存盒盖 box_cover.prt 零件。

step3　创建物品盒装配件。

(1) 创建一个空装配件。

新建□→装配模块，键入文件名：box→清除"使用默认模板"复选框→【确定】→单击"空"→【确定】。

(2) 调入盒体元件。

【模型】选项→组装▣→选择文件"box_cavity.prt"→【打开】。

(3) 装配盒盖元件。

【模型】选项→组装▣→选择文件"box_cover.prt"→【打开】→【放置】，盒盖元件的装配约束如图 5-36(a) 所示。

step4　修改盒体零件尺寸，观察盒盖元件和盒子装配件的变化。

　　(1) 在装配模型树上，选中 box_cavity.prt→在鼠标右键菜单选择"打开"→在零件模型树上，选中拉伸 1→在鼠标右键菜单选择"编辑"→将长度尺寸有 20 改为 60→再生模型▣。

　　(2) 激活 box 装配窗口→再生模型▣。盒盖尺寸已经自动更新，如图 5-36(b) 所示。

step5　修改盒体零件形状，通过发布几何的数据共享，盒盖元件的形状也自动更新，如图 5-36(c) 所示。

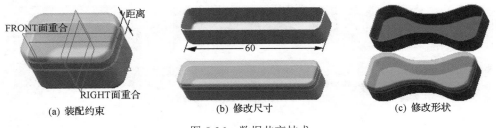

(a) 装配约束　　　　　　　(b) 修改尺寸　　　　　　　(c) 修改形状

图 5-36　数据共享技术

中篇 AutoCAD 绘图技术

学习本篇后，你将能够：

- ➢ 使用 AutoCAD 绘制编辑图形
- ➢ 使用 AutoCAD 精确绘制图形
- ➢ 使用 AutoCAD 注释机械图样
- ➢ 使用 AutoCAD 绘制零件图
- ➢ 使用 AutoCAD 绘制装配图

第 6 章
AutoCAD 入门简介

AutoCAD 软件是一款计算机辅助设计软件，1982 年美国 Autodesk 公司推出 AutoCAD R1.0，在其后的十几年中，Autodesk 公司又相继推出其更新升级版本，从 AutoCAD R1.0 至 AutoCAD 2012（2011 年）共进行了 26 次升级，从而使其功能逐渐强大且日趋完善，被广泛应用于航空、航天、船舶、机械、服装、建筑、电子等行业。

AutoCAD 2012 的主要功能有：二维绘图与编辑、文字与尺寸标注、参数化绘图、三维绘图与编辑，以及其他各种实用绘图工具、图纸管理等。AutoCAD 2012 为用户提供了优秀的设计环境及绘图工具，帮助用户把构思转化为现实，显著提高用户的设计效率，充分发挥用户的创造能力。

6.1 AutoCAD 基本概念

1. 图形文件（DWG）

AutoCAD 在屏幕上绘制图形将以图形文件进行存取，扩展名为 DWG，它是一种描述图形映像的信息文件。

2. 图形对象

AutoCAD 提供了许多绘图命令，每条绘图命令绘制一种基本图形元素，这些基本图形元素也叫图形对象。直线命令生成一个直线对象，矩形命令生成一个矩形对象，而不是互相垂直的四个直线对象。这些对象是组成一幅图最基本的元素。AutoCAD 提供的编辑命令，其操作对象也是这些图形对象。在纸上手工绘图，这些图是静止的，而 AutoCAD 里的图形对象是动态的，操纵对象上的夹点，可移动、旋转、伸缩图形对象。

3. 图形坐标系

AutoCAD 使用的是右手笛卡儿坐标系，系统有个固定的世界坐标系（World Coordinate System，WCS）。用户根据绘图需要，可在 WCS 中定义任意原点、任意方向的用户坐标系（User Coordinate System，UCS）。显然，WCS 只有一个，UCS 可以定义多个，但绘图编辑时只有一个坐标系为当前坐标系，所有坐标点的输入和显示都是相对于当前坐标系统的。

引入用户坐标系是为了方便作图。例如，要在一个斜面上画一个圆，圆心在斜面上的定位尺寸已给出。若在 WCS 中绘制该圆，圆心坐标要经过相应的换算才能得出，并且该圆是三维的，若在斜面上定义一个用户坐标系，使 UCS 的 *XOY* 平面与斜面重合，见图 6-1，画圆的三维作图就转换成简单的二维作图。

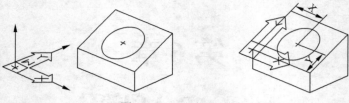

图 6-1　WCS 和 UCS

坐标点输入时，随着绘图光标的移动，状态行上会显示点在当前坐标系中的坐标值。

4. 图形单位

一个图形单位的实际长度不是定值，在屏幕上它受图形界限命令所设范围大小的影响。在绘图输出时，它受打印机及绘图仪的输出单位及输出比例的影响。假如绘图仪的输出单位为毫米，输出比例为 1∶1，则一个屏幕单位在图纸上的实际输出长度为 1 毫米。用图形界限命令设定图纸大小时无尺寸限定，用户可按实物 1∶1 画图，免受手工绘图时实物与图比例不一致的尺寸换算之烦恼。

5. 图形导航

用户按实物尺寸 1∶1 画图，当实物很大时，图纸也很大，全图显示在屏幕上，图形小而挤，看不清也不便于对某个图形元素进行操作。AutoCAD 提供了多种图形导航命令，该命令的功能就像一个照相机的镜头，可将图纸上的某部分放大到全屏作图，也可将全图恢复到满屏显示。屏幕上图形两点间的显示距离随导航的缩放而改变，而图形两点间的图形单位是定值。这为用户 1∶1 绘图提供了技术上的保证。

6. 图形的绘图界限

图形的绘图界限可理解为图纸界限。用户可自行设定每次绘图的边界(图幅)。

7. 图块

AutoCAD 中绘图与编辑的对象为图形元素，若将几个图形元素定义成一个图块，它们就组成一个整体，对图块进行操作就像对单一图形元素进行操作一样，可提高作图效率。

8. 图层

图层是 AutoCAD 绘图的一大特色，用户可为准备绘制的图形设定几个图层，每一图层有特定的颜色、线型和线宽，在不同层上所绘的图形元素就带有该层的颜色、线型和线宽属性。这些图层具有同一坐标原点，同一图纸边界，同一缩放比例，像精确地重叠在一起的不同色彩的透明胶片。若要绘制一张有不同线型、不同线宽、不同颜色的图纸，使用图层可绘制出高质量、高效率的图。

6.2　AutoCAD 基本操作

众所周知，世界上有许许多多软件厂商开发出形形色色、功能各异的应用软件，但它们都有一个重要的共同点，那就是软件基本界面的一致性。一旦掌握了这些最基本的操作技术，在其他各应用软件上也可得心应手地进行操作。

1. 鼠标器操作

AutoCAD 在输入状态时，鼠标形象为十字光标。在选择编辑目标时，鼠标形象为一小矩形框。

最基本的鼠标操作方式有以下几种。

(1)单击左键(简称单击)：用于选择某个菜单项、按钮、命令图标或绘图编辑区的某个目标。

(2)双击左键(简称双击)：相当于在对话框中，单击某一选项，再单击【确定】。

(3)单击右键(简称右击)：用于结束命令操作或弹出快捷菜单，若按住 Shift 键，同时单击鼠标右键，会引出一弹出式菜单。

(4)拖曳：先单击某对象，然后按住左键，移动鼠标，最后在另一处释放左键。常用于列表框的滚动条操作、滑动式按钮或屏幕上构造目标选择集的操作。

2. 命令输入方式

AutoCAD 通过接受命令进行绘图，AutoCAD 有三种命令输入方式。

1)命令行输入

AutoCAD 的所有命令都可以通过命令行输入。当屏幕命令提示区出现"命令："时，就可以通过键盘在命令行输入 AutoCAD 命令，然后按回车键即可。

若要绘制一条直线，命令提示区显示如下：

　　命令：LINE↙ (输入直线命令)
　　指定第一点：

系统对用户输入的直线命令用"指定第一点："响应，即执行该直线命令还需要输入端点坐标等数据信息。

若要画圆，输入如下命令：

　　命令：CIRCLE ↙ (输入画圆命令)
　　指定圆的圆心或 [三点(3P)/两点(2P)/相切、相切、半径(T)]:

此时，系统提示用户输入圆的圆心，这是响应画圆的缺省输入方法。方括号中给出了若干选项，用户可根据需要选择其中的一项来响应该命令提示。选择某一项只需输入该选项中的大写字母，AutoCAD 就可识别用户所选择的项。例如，此时输入 3P 则选择用三点绘圆的方法。

有时命令行提示中出现一对尖括号，该尖括号里的选项为系统缺省值。用户若选该项，只需直接按回车键即可。

如果 AutoCAD 不在命令状态下，可按 Esc 键，使屏幕恢复"命令："提示，此时就可以接受一个有效的命令了。

如果命令名输入有错误，则系统显示出错误信息，这时可用 Esc 键使该命令作废。

在执行一个有效命令的操作后，接着在"命令："提示符后，直接按回车键，系统将重复执行该命令。

2)工具栏输入

AutoCAD 提供了大量的工具栏，单击工具栏面板上的命令图标就可以调用相应的 AutoCAD 命令。熟练使用工具栏图标输入，可以提高绘图效率。

若要输入直线命令，单击"绘图"工具面板中的直线 ／ 图标即可。

3）快捷菜单输入

AutoCAD 2012 中一部分最常用的命令可以通过快捷菜单方式来输入。在窗口中单击鼠标右键即弹出快捷菜单，用户可从中快速选择一些与当前操作相关的选项。每次打开的快捷菜单其内容有可能不同，它依赖于当前参照环境和光标位置等因素。

3. 坐标点输入方式

当命令提示区提示需要输入某个点的坐标时，可单击屏幕上某点，AutoCAD 即接受了该点的坐标。

点的坐标也用可键盘输入，有三种输入方式。

（1）绝对直角坐标。"10,45"表示该点的 x 坐标为 10，y 坐标为 45。

（2）相对直角坐标。"@60,–32"表示该点与前一点的 x 坐标差为 60，y 坐标差为–32。

（3）相对极坐标。"@100<30"表示该点到前一点的距离为 100 个屏幕单位，前一点与该点连线与 x 轴的正向夹角为 30°（逆时针）。

6.3　AutoCAD 操作界面

AutoCAD 2012 操作界面如图 6-2 所示，主要由命令菜单、功能模块选项、工具栏图标面板、绘图编辑窗、命令窗口、状态栏等组成。

图 6-2　AutoCAD 2012 操作界面

绘图编辑窗口是 AutoCAD 中绘制、编辑图形的主要区域。在 AutoCAD 中创建新图形文件或打开已有的图形文件时，都会产生相应的绘图窗口来显示和编辑其内容。AutoCAD 2012 支持多个图形窗口操作。

在执行 AutoCAD 命令的过程中，用户与 AutoCAD 之间主要通过命令窗口和对话框来进行人机交互。命令窗口是用户通过键盘输入命令进行操作的界面。无论键盘命令操作还是其他操作方式，只要是没有对话框出现，一般都会在命令窗口有下一步操作提示。使用 F2 键切换，可打开或关闭保存有 AutoCAD 命令和提示历史记录的文本窗口。

在 AutoCAD 2012 工作界面的最下方是状态栏。状态栏的左侧可以显示当前光标所在位置的坐标信息。状态栏右侧有一系列设置开关，如正交开关、栅格显示开关、栅格捕捉开关、对象捕捉开关等。这些设置开关是 AutoCAD 最常用也是最基础的设置选项。

　　AutoCAD 2012 为用户提供了五十多个工具栏，如"常用"下，AutoCAD 2012 默认打开绘图、修改、图层、注释、块和图形特性等九个工具栏面板。

6.4　AutoCAD 绘图环境

　　当使用 AutoCAD 绘制图形时，通常需要进行如下设置：
　　(1)图纸幅面。
　　(2)长度(角度)单位及单位精度，零角度方向。
　　(3)线型、线宽、颜色、图层等几何特性。
　　(4)尺寸标注样式和文字样式。
　　为了避免每次绘图都需重复进行绘图环境设置工作，AutoCAD 在主文件夹的 Template 子文件夹中保存有风格多样的样板文件，样板文件是一种包含有特定图形设置的图形文件(扩展名为 dwt)。如以英寸为单位的英制 acad.dwt 样板文件，以毫米为单位的公制 acadiso.dwt 样板文件。
　　使用样板文件创建的新图形文件，继承了样板文件中的所有设置。选择同一个样板文件可以保证同一项目中所有图形文件具有统一格式。
　　用户也可以根据需要改变现有的绘图环境设置，创建自定义的样板文件。

6.5　本章实例练习

练习 1　创建一个横幅的 A3 样板文件。

step1　新建□→系统打开"选择样板"对话框，在系统默认的样板图文件夹 Template 下，选择以毫米为单位的公制样板文件"acadiso.dwt"。

step2　查看和修改 acadiso.dwt 设置的绘图环境。
　　(1)查看线性单位及精度设置。
　　命令菜单■→"图形实用工具"⚙→"单位"0.0，系统将弹出"图形单位"对话框，如图 6-3(a)所示。
　　长度单位系统默认为"小数"，长度精度修改为"0.00"；角度单位系统默认为"十进制度数"，角度精度"0"，逆时针旋转为正角度方向。
　　选择【方向(D)...】，系统将弹出"方向控制"对话框，如图 6-3(b)所示。系统默认的角度起始方向(0°方向)为"东"。
　　(2)图纸幅面设置。

　　　　命令: <u>limits</u>↙
　　　　指定左下角点或 [开(ON)/关(OFF)] <0.0000,0.0000>:↙
　　　　指定右上角点<420.0000,297.0000>:↙ (保持样板图 acadiso.dwt 的图纸幅面)

step3　画图纸幅面边界线。
　　【常用】选项→"绘图"面板→矩形▭→键入矩形左下角点坐标 <u>0,0</u>↙→键入矩形另一个角点坐标: <u>@420,297</u>↙。

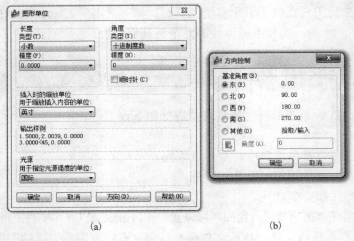

(a)　　　　　　　　　　　(b)

图 6-3　"图形单位"对话框

step4　画 A3 图纸的图框（左边距 25，上、下、右边距各为 5）。

（1）【常用】选项→"绘图"面板→矩形□→键入第一个角点坐标：<u>25,5</u>∠→键入另一
　　　个角点坐标@390,287∠。

（2）给图框指定线宽。

选中图框对象→【常用】选项→"特性"面板→线宽控件的下拉列表中选线宽 0.30 毫米
→打开状态栏的"线宽"□标签，可看到图框已显示为粗实线。

step5　浏览全图。

【视图】选项→"二维导航"面板→□，观察全图，如图 6-4 所示。

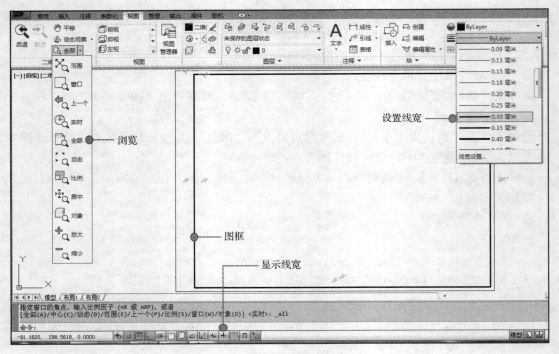

图 6-4　定义线宽与浏览图纸

step6　定义用户坐标系 USC。

【视图】选项→"窗口"面板→工具栏▣→选择"Autocad"下拉菜单中的"UCS"→定义新原点 UCS⌐→指定新原点：　285,5✓

step7　画简化标题栏，见图6-5。

(1)绘制标题栏边框。

①【常用】选项→"绘图"面板→直线✐→键入第一点坐标：　0,0✓→键入下一点坐标：　@0,28✓→再键入下一点坐标：　@130,0✓→按回车键　✓。

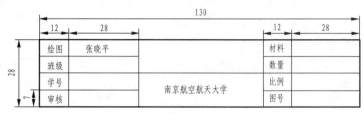

图 6-5　简化标题栏

② 单击窗口缩放工具▢，将标题栏区域放大，继续绘制标题栏里面的格子。

(2)绘制标题栏内的四条竖直线。

【常用】选项→"绘图"面板。

直线✐→键入第一点坐标：12,0✓→键入下一点坐标：　@0,28✓→键入　✓。
键入✓→键入第一点坐标：40,0✓→键入下一点坐标：　@0,28✓→键入　✓。
键入✓→键入第一点坐标：102,0✓，→键入下一点坐标：　@0,28✓→键入　✓。
键入✓→键入第一点坐标：90,0✓，→键入下一点坐标：　@0,28✓→键入　✓。

(3)绘制标题栏内的五条水平线。

键入✓→键入第一点坐标：0, 14✓→键入下一点坐标：@130, 0✓→键入　✓。
键入✓→键入第一点坐标：0, 7✓→键入下一点坐标：@40, 0✓→键入　✓。
键入✓→键入第一点坐标：0, 21✓→键入下一点坐标：@40, 0✓→键入　✓。
键入✓→键入第一点坐标：90, 7✓→键入下一点坐标：@40, 0✓→键入　✓。
键入✓→键入第一点坐标：　90, 21✓→键入下一点坐标：@40, 0✓→键入　✓。

(4)将标题栏的左边框、上边框的线宽设为0.3，绘图结果如图6-6所示。

step8　在标题栏中输入如图6-5所示的文字信息。

滑动鼠标滚轮放大欲写字的区域。

【常用】选项→"注释"面板→文字 **A**，在屏幕上单击指定文字输入位置的定义点，并拖曳一个大致反映文字高度与长度的矩形。

系统打开如图6-7所示的"文字编辑器"对话框，字体选"宋体"，字号选"2.5"。在矩形框中键入欲输入的文字，在矩形框外单击，完成文字的输入。重复以上过程继续输入其他文字信息。

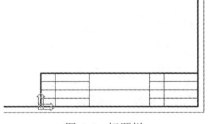

图 6-6　标题栏

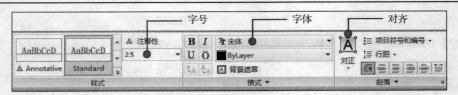

图 6-7 "文字编辑器"对话框

step9 将所画图形保存为样板文件。

命令菜单→"另存为"→"AutoCAD 图形样板"，系统打开"图形另存为"对话框，见图 6-8。在"文件类型"下拉列表中选"AutoCAD 图形样板 (*.dwt)"，并以"my_A3_H.dwt"为名保存。

图 6-8 保存样板文件

第7章

AutoCAD 基本操作

7.1 AutoCAD 对象特性

直线、圆和文本等图形对象都具有颜色、线型和线宽三个特性，AutoCAD2012 使用"特性"面板(图 7-1)来指定对象的特性。其中颜色控件、线型控件和线宽控件使用方法较相似，下面主要介绍线型控件的使用。

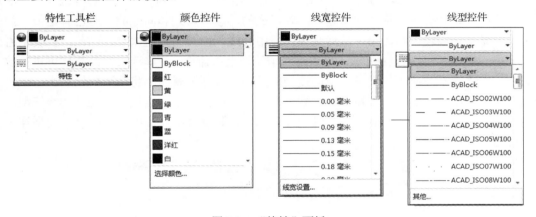

图 7-1　"特性"面板

7.1.1 图形对象的线型

当用户创建一个新的图形文件后，线型控件的下拉列表通常包括如下三种线型。

(1)随层：表示对象与其所在图层的线型保持一致。

(2)随块：表示对象与其所在图块的线型保持一致。

(3)连续：连续的实线。

AutoCAD 系统提供了多个线型库文件，其中包含了数十种的线型定义。用户加载线型库文件后，就可使用其定义对象的线型特性。

7.1.2 载入线型

在线型控件下拉列表中单击"其他…"，系统将弹出"线型管理器"对话框，如图 7-2 所示。其中：

(1)【当前(C)】按钮：将选定的线型设为当前线型。

(2)【加载(L)…】按钮：单击此按钮系统弹出"加载或重载线型"对话框，如图 7-3 所示。该对话框中显示出了系统默认线型库文件定义的全部线型。用户可单击【文件(F)...】按钮来指定加载其他线型文件。选择需加载的线型或全部线型，单击【确定】即可。

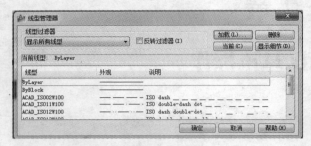 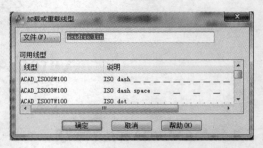

图 7-2　"线型管理器"对话框　　　　　　图 7-3　"加载或重载线型"对话框

7.1.3　线型比例因子

AutoCAD 所提供的线型是在线型文件中已定义好的，对于像虚线、中心线这样一些非连续线，是由一系列有一定规律的短划和间隙形成的，这些短划和间隙的长度已有定值。如果在屏幕上显示一幅较大的图形，虽然是虚线或中心线，但其间隙值太小，因此，视觉上看到的似乎是一根连续实线。AutoCAD 提供了一个线型缩放命令，使非连续线的整体可进行放大和缩小，以适应不同图幅的要求。前面提到的问题，实际上就是要将线型比例放大。但比例要选合适，若比例太大，一个短划就达到了直线的长度，看上去这根直线还是实线线型。

单击"线型管理器"对话框中的【显示细节(D)】按钮，对话框下方即显示线型详细信息，如图 7-4 所示。

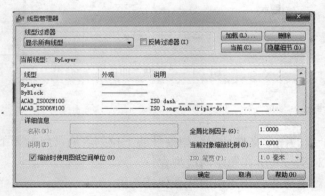

图 7-4　线型详细信息

其中：

(1)全局比例因子(G)：设置全局比例因子，该值将影响已存在的对象和以后要绘制的新对象。

(2)当前对象缩放比例(O)：新建对象比例因子，该值只影响新建对象。

7.1.4　为对象指定线型与更改线型

(1)未选择任何对象时，控件中显示为当前线型。用户可选择控件列表中其他线型来将其设置为当前线型。

（2）如果选择了一个对象，控件中显示该对象的线型设置。用户可选择控件列表中其他线型来更改对象所使用的线型。

（3）如果选定的多个对象都具有相同的线型，控件中显示公共的线型；如果选定的多个对象具有不同的线型，则控件显示为空白。用户可选择控件列表中其他线型来同时改变当前选中的所有对象的线型。

7.2　AutoCAD 图层操作

反映地区交通路线的图纸上可包含许多内容，有空中运输线路、公路运输线路、铁路运输线路和河运线路。这些不同的线路若用同一颜色、同一线型画在屏幕上，会使图形变得杂乱无章。如果将图中的内容按不同的类型区分开来，然后用不同颜色和线型画在不同的透明纸上。例如，将航空线路图用蓝色虚线画在一张透明纸上，公路线路图、铁路线路图和河运线路图也按各自的线型与颜色画在另外不同的透明图纸上。这些透明图纸在绘图过程中，始终保持有相同的坐标系，相同的图形界限，相同显示缩放比例等。这样，各张透明图纸既可以精确地重叠在一起成一张综合图纸，进行各种绘图、编辑操作，又可以抽走若干张暂时不需操作的透明图纸，使剩下的图纸图面简洁，操作方便。

AutoCAD 提供的图层操作就可以满足以上需求。用户可根据需要自己定义若干图层，给每个图层都定义相应的颜色、线型和线宽，利用 AutoCAD 的基本绘图命令在该图层上绘图，该层上的图形对象就具有与该层一致的颜色、线型与线宽。可利用图层的关闭、加锁与冻结功能，有选择地隐去一些图形或保护一些图形不被编辑。

7.2.1　图层状态与特性

1. 图层状态

（1）打开/关闭（ 💡/💡 ）。关闭状态的图层，其上的图形不可见，即不可显示和输出，显然也就不可编辑。

（2）加锁/解锁（ 🔒/🔓 ）。加锁状态的图层，其上的图形可见但不可编辑，为只读图形。

（3）冻结/解冻（ ❄/❄ ）。冻结状态的图层，该层上的图形不可见，不可编辑。AutoCAD 有些命令执行时，要求重新生成图形，冻结层上的图形对象不参与图形重新生成计算，可节省绘图时间。

如果有一张机械图，其尺寸专门绘制在一个图层上。现暂时只对图形进行编辑处理，可暂时关闭绘制尺寸的图层，使图面清晰。

如果有一张大楼的管路设计图，自来水管路绘制在一个图层上，且基本定稿。而暖气管路绘制在另一图层上，需参照自来水管路进行设计和绘制，为保护自来水管路不被意外修改，可将该层锁住，这样，自来水管路图就成为只读图形而受到保护。

如果有一张很复杂的图形，图形重新生成一次要费一定的时间，可将已完成部分的图形所在层冻结起来，这样，可加快 AutoCAD 生成图形的速度。

2. 图层特性

(1)用户可根据需要定义若干图层，图层数量不限，图层上图形对象数量不限。有且仅有一个当前图层，用户只能在当前层上绘图。所以，要在某图层上作图，一般先要建立该层，然后再将该图层设为当前层，冻结层不能设为当前层。

(2)AutoCAD 启动后，系统自动定义当前图层为 0 层，线型为 CONTINUOUS（实线），颜色为白色，线宽为默认。0 层不能被改名和删除，0 层相当于系统供给用户的一张最基本的图纸。

(3)系统只在当前层上绘图，但可编辑修改任意层的图形对象。

7.2.2　图层操作

有关图层操作的命令在"图层"面板，见图 7-5。

图 7-5　"图层"面板

"图层"面板的一些命令图标介绍如下。

1. 图层特性管理器

【常用】→"图层"面板→图层特性 ，系统打开"图层特性管理器"对话框，见图 7-6。

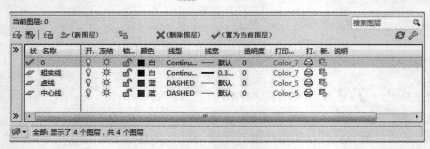

图 7-6　"图层特性管理器"对话框

有关图层的基本操作都可在该对话框里进行，现分别介绍如下。

(1)创建新图层 。如果用户选择了图层特性管理器列表中的一个图层，然后单击 图标，系统自动生成一个新的图层，新图层默认名为"图层 1"，创建的新图层将继承所选图层的特性，如颜色、线型、线宽、开关状态等。

(2)修改图层特性。修改图层特性有以下几种情况。

① 修改图层名。在图层特性管理器的列表框中，单击要修改的图层名，然后在光标指示处输入新的图层名。

② 改变图层状态。在图层特性管理器的列表框中，单击要改变状态的开关按钮。

③ 改变图层颜色。在图层特性管理器的列表框中，单击图层名称后的颜色块，系统打开"选择颜色"对话框，选择合适的颜色，单击【确定】，系统即返回"图层特性管理器"对话框。

④ 改变图层线型。在图层特性管理器的列表框中，单击需修改图层的线型名称钮，系统弹出"选择线型"对话框。如果"选择线型"对话框中没有用户所需的线型，则需加载线型。单击【加载...】，系统弹出"加载或重载线型"对话框，该对话框中显示出了缺省线型库文件定义的全部线型。选择需加载的线型或全部线型，单击【确定】即返回"选择线型"对话框。再从"选择线型"对话框中选择合适的线型，单击【确定】，系统返回"图层特性管理器"对话框。

⑤ 改变图层线宽。在图层特性管理器的列表框中，单击需修改图层的线宽，系统弹出"线宽"对话框。通过该对话框为选定图层设定线宽。

(3) 设置为当前层。

当图层及该层的线型、线宽、颜色都设置好后，就可在其上绘制图形了，但必须先将该层设为当前层。在图层列表框选择某一图层，单击"置为当前层"图标 ✔，即可将所选图层设为当前层。绘制的图形对象时，系统默认地采用和当前层一致的线型、线宽与颜色。

(4) 删除图层。

在图层特性管理器的列表框中，选择需删除的图层，单击"删除图层"图标 ✖，即可删除所选图层。

下列图层不能删除：

① 当前层和含有图形对象的图层。

② 0 层和定义点层。

③ 依赖外部参照的图层。

2. 使对象所在图层为当前图层🖼

单击"图层"面板中的 🖼 图标，系统将提示选择对象，待选择一个图形对象后，系统将该对象所在图层置为当前图层。

3. 恢复上一个图层🖼

单击"图层"面板中 🖼 图标，系统将取消最后一次对图层设置的改变，恢复到前一次图层状态。

4. 使用图层控件

利用"图层"面板中的图层控件 💡☼🔓■ 0 ▾，可进行如下设置：

(1) 如果未选择任何对象，控件中显示为当前图层。用户可选择控件列表中其他图层，将其设置为当前图层。

(2) 如果选择了一个图形对象，控件中即显示该图形对象所在的图层。用户可选择控件列表中其他图层来更改图形对象所在的图层。

(3) 如果选择了多个对象，并且所有选定对象都在同一图层上，控件中显示公共的图层；如果选定的多个对象处于不同的图层，则控件显示为空白。用户可选择控件列表中其他图层来同时改变当前选中的所有对象所在的图层。

(4) 在控件列表中单击相应的图标，可改变图层的开/关、冻结/解冻、锁定/解锁等。

在当前图层上画图，若所绘图形对象的线型、颜色和线宽均为默认值 (随层)，则图形对象的特性与当前层的颜色、线型与线宽一致。

AutoCAD 可对当前图层上将要绘制的对象设置不同于当前图层的颜色、线型和线宽，称显式颜色、显式线型与显式线宽。该颜色、线型与线宽一直控制着后面画的实体，直至又一次改变对象的颜色、线型与线宽。新设置的颜色、线型与线宽对以前画的图形无影响。

若图形对象的线型、颜色与线宽为随层，当改变了图形对象所在层的颜色、线型与线宽后，图形对象的颜色、线型与线宽也会随层改变。

7.3　AutoCAD 图形导航

由于 AutoCAD 是按实际尺寸绘图，因此图幅的尺寸是变化的，而计算机屏幕的尺寸固定不变。有时需要将一张大图缩小到屏幕上来看图纸的全貌，有时又需要将一个复杂图形的局部，放大在屏幕上进行绘图编辑。AutoCAD 提供的二维图形导航命令就像照相机的变焦镜头，可在计算机屏幕上进行图形的缩放显示，而图形的实际尺寸并不改变。

AutoCAD 提供的缩放、平移、范围、窗口等一系列图形导航命令，可以用来任意放大、缩小或移动屏幕上的图形。

【视图】选项→"二维导航"面板，系统打开"图形导航"面板，见图 7-7→在"范围"下拉列表里，系统提供更多操作图形显示方式的命令图标。

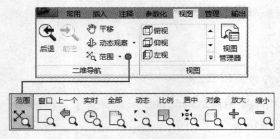

图 7-7　"二维导航"面板

滚动鼠标滚轮可快捷缩放图形，右键快捷菜单上也有"平移"和"缩放"命令。

7.4　AutoCAD 基本绘图

AutoCAD 中的基本图形对象有直线、圆、文字等。
【常用】选项→"绘图"面板，见图 7-8。

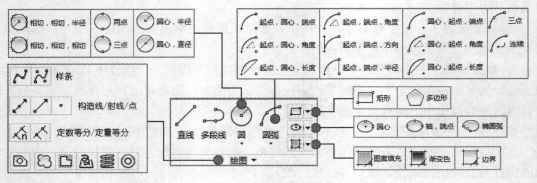

图 7-8　"绘图"面板

7.4.1　直线类

1. 直线

命令选项说明如下：

(1)输入起点后，系统接着提示用户输入直线段的下一端点。输入折线终点后，在下一个提示处键入回车，即可结束命令。

(2)在"指定下一点或 [放弃(U)]："处键入 U，可取消刚画的一段直线，再键入一次 U，再取消前一段，以此类推。若键入 C，系统会从折线当前端点向折线起点画一条封闭线，形成一个封闭线框，并自动结束命令。

(3)在"指定下一点或 [放弃(U)]："处直接键入回车，系统就认为直线的起点是上一次画的直线或圆弧的终点。若上一次画的是直线，现画的直线就能和上次直线精确地首尾相接。若上次画的是圆弧，新画的直线按圆弧的切线方向画出，见图 7-9。

图 7-9　圆弧终点为直线起点

2. 构造线

绘制两端无限延伸的射线。命令选项说明如下。

指定点：两点指定方向。

水平(H)：通过指定点的水平构造线。

垂直(V)：通过指定点的竖直构造线。

角度(A)：按指定角度绘制构造线。

二等分(B)：创建指定顶点、起点和端点所构成角的角平分线。

偏移(O)：创建平行于指定直线，并且通过指定点的构造线。

3. 多段线

多段线是 AutoCAD 中最常用且功能较强的图形对象之一，它由一系列首尾相连的直线和圆弧组成，可以具有宽度，并可绘制封闭区域，因此多段线可以替代某些 AutoCAD 图形对象，如直线、圆弧、实心圆等。它与由直线、圆弧所画的图形相比有两方面的优点。

(1)灵活：它可直可曲，可宽可窄，可以宽度一致，也可以粗细变化。

(2)统一：整条多段线是一个单一对象，便于编辑。

多段线命令的提示分直线方式和圆弧方式两种，初始提示为直线方式。现分别介绍不同方式下的各选项的含义。

1)直线方式

指定下一个点：缺省值，直接输入直线端点画直线。

圆弧：转为画圆弧方式。

闭合：从多段线当前点向起始点连一条线，形成闭合图形。

宽度：定义下段线的宽度。一段线的始末两端可定义不同线宽，线段的始点与终点都位于宽线的中心轴线上。

半宽：按宽度线的中心轴线到宽度线的边界的距离定义线宽，前面对宽度的说明也适用于"半宽"。

长度：画一条与前一线段方向相同的指定长度的线段。如果前一线段是圆弧，将绘制一条过弧终点并与弧相切的线段。

放弃：取消，同直线命令的选项 U。

2）圆弧方式

指定圆弧的端点：缺省值，新画弧过前一段线的终点，并与前一段线（圆弧或直线）在连接点处相切。

圆心角：由圆心角定义弧。

圆心：指定圆心，此时所画的新弧一般不再与多段线的前一线段相切。

闭合：在弧方式下，表示用弧线与多段线起始点闭合，形成封闭图形。

方向：为新弧定义一个始点切线方向。

宽度、半宽、放弃：各选项的含义与直线方式的选项相同。

直线：转入直线方式。

半径：此选项可进行指定半径方式画弧。

第二点：此选项可进行 3 点方式画弧。

7.4.2　多边形类

1. 正多边形 ⬡

系统提供三种方式画正多边形，分别介绍如下。

（1）定边法。系统要求指定正多边形一条边的两个端点，然后系统从边的端点开始按逆时针方向画出正多边形，该指定边即确定了正多边形的放置方向，见图 7-10（a）。

（2）内切圆法。AutoCAD 要求用户指定正多边形内切圆的圆心和半径，若键入半径值，多边形的一边为水平，见图 7-10（b）。若用拖动方式输入一点，该点与圆心的距离为半径，该点就是多边形上一条边的中点，即内切圆与多边形一条边的一个切点。该点的指定，也就确定了正多边形的安置方向，见图 7-10（c）。

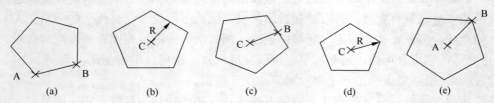

图 7-10　绘制正多边形的三种方式

（3）外接圆法。AutoCAD 要求指定外接圆的圆心和半径，若键盘键入半径值，则正多边形的一条边为水平，见图 7-10（d）。若用光标拖动方式在屏幕上输入一点，半径由该点到圆心的距离确定，该点同时也是正多边形的一个顶点，故该点的指定也就确定了正多边形的安置方向，见图 7-10（e）。

2. 矩形 ▭

根据输入的两个对角点坐标，生成一个矩形对象。命令选项说明如下。

倒角：将矩形四个角倒角。

标高：将决定该矩形沿着 Z 轴方向的高度。

圆角：将矩形四个角倒圆。

厚度：参数决定矩形的厚度。

宽度：参数设置矩形的线宽。

7.4.3　曲线类

1．圆弧

AutoCAD 提供了多种画弧方式，见图 7-11。可从下拉菜单选择画弧方式中的任意一种。

执行画弧操作时，有时需要用户输入一个点或一个数值，此时可用键盘输入点的坐标或数值，也可用光标在屏幕取点或使用光标拖动在屏幕上定数值。有时系统需要用户选择某个选择项。这就需要用户详细阅读命令区的提示，明白系统需要再作出响应。

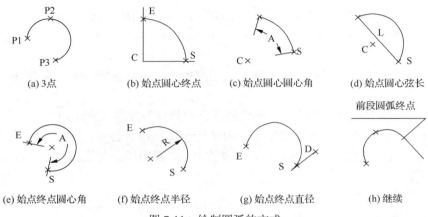

(a) 3点　　　(b) 始点圆心终点　　　(c) 始点圆心圆心角　　　(d) 始点圆心弦长

(e) 始点终点圆心角　　　(f) 始点终点半径　　　(g) 始点终点直径　　　(h) 继续

图 7-11　绘制圆弧的方式

2．圆

AutoCAD 提供了六种生成圆的方式，见图 7-12。用户可根据已知的几何条件选最合适的方式绘制圆。

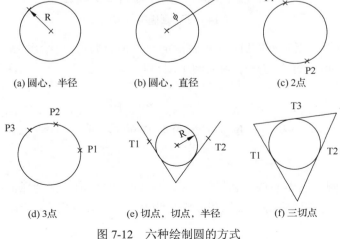

(a) 圆心，半径　　　(b) 圆心，直径　　　(c) 2点

(d) 3点　　　(e) 切点，切点，半径　　　(f) 三切点

图 7-12　六种绘制圆的方式

选相切选项后，屏幕上的十字光标变成切点捕捉光标，移动捕捉光标到与所绘圆相切的目标单击即可。选取目标时的单击点的位置很重要，它决定了所画圆与被切实体的相对位置。

3. 圆环

该命令要求输入的参数为圆环内径、外径和圆环中心，当内径为零时，圆环变为圆。在同一条命令下，内外径给定后，给多个圆心点响应，可在不同的圆心位置画出同样大小的圆环或圆。在 FILL ON 状态，可画出填充圆环或圆，见图 7-13。

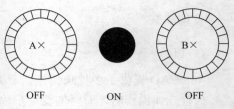

OFF　　　　ON　　　　OFF

图 7-13　用圆环命令画的实心圆与圆环

FILL ON/OFF 的设置可使用命令 FILL。

4. 样条曲线

通过点样条曲线：是通过一系列给定的拟合点拟合而成的光滑曲线。

控制点样条曲线：是由一系列给定的点组成的控制多边形拟合的光滑曲线。

命令选项说明如下。

(1)指定第一个点：提示用户确定样条曲线起始点，然后会提示用户确定第二点，样条曲线至少包括 3 个点。

(2)闭合：使得样条曲线起始点、结束点重合和共享相同的顶点和切矢。

(3)拟合公差：控制样条曲线对数据点的接近程度，拟合公差的大小对当前图形单元有效。公差越小，样条曲线就越接近数据点。若为 0，则表明样条曲线精确通过数据点。

5. 椭圆

有四种绘制椭圆的方式，见图 7-14。

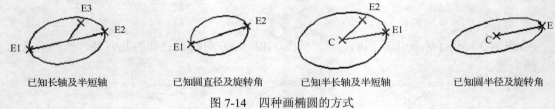

已知长轴及半短轴　　　已知圆直径及旋转角　　　已知半长轴及半短轴　　　已知圆半径及旋转角

图 7-14　四种画椭圆的方式

绘制椭圆可以先指定椭圆圆心，然后指定一个轴的端点，再给出另一个轴的半轴长度。

绘制椭圆也可通过指定一个轴的两个端点(即首先定义一个主轴)和另一个轴的半轴长度来画椭圆。

第二个轴可以通过绕第一个轴旋转一个圆定义长轴和短轴比值的方法来指定。若旋转角度为 0，则绘制一个圆，如果旋转角度介于 89.4° 和 90° 之间，系统提示为无效输入。

6. 椭圆弧

先构造母体椭圆，出现的选项和提示与椭圆相同，然后询问椭圆弧的起始角和终止角以绘制椭圆弧(角顶点为椭圆圆心，长轴角度定义为 0°)。也可以指定起始角和夹角度数。

7.4.4　其他图形对象

1. 点

AutoCAD 提供了多种点的样式，在画点前，用户可先设置点的样式。

(1) 设置点的样式。

【常用】选项→"实用工具"面板→"实用工具"下拉面板→点样式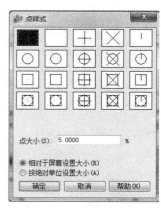，系统打开如图 7-15 所示的"点样式"对话框。系统默认的点样式为小圆点。

(2) 定数等分放置点。

【常用】选项→"绘图"面板→"定数等分"。

此命令可在选定的单个对象上等间隔地放置点。在使用时应注意：

① 输入的是等分数，而不是放置点的个数，如果将所选对象分成 3 份，实际上只生成两个等分点。

② 每次只能对一个对象进行操作。

(3) 定距等分放置点。

图 7-15　"点样式"对话框

【常用】选项→"绘图"面板→"测量"。

此命令在选定的单个对象上按指定间隔放置点。在使用时注意：

① 放置点的起始位置从离对象选取点较近的端点开始。

② 如果对象总长不能被所选长度整除，则最后放置点到对象端点的距离将不等于所选长度。

2. 图案填充

AutoCAD 提供了多种图案的样式，使用图案填充可绘制机械图的剖面线。

【常用】选项→"绘图"面板→图案填充，系统打开"图案填充创建"操控面板，见图 7-16。

图 7-16　"图案填充创建"操控面板

(1) 定义要填充图案的区域。

选择"边界"面板的"拾取点"，在要填充图案的闭合区域内拾取一个点，然后由系统自动分析图案填充边界。也可用"选择对象"来选择要填充图案的一个或若干对象，此时，这一个或若干对象必须形成一个或几个封闭区域。

(2) 选择图案。

在"图案"面板选择一个系统预定义的图案，如填充金属材料剖面线可选择"ANSI31"图案。

(3) 设置图案填充的角度和比例。

在"特性面板"的"图案填充角度"和"图案填充比例"文本框中设定图案绘制角度和缩放比例。角度为图案的旋转角；缩放比例影响图案中线的间距，比例越大间距越大。应设置适当的值，使剖面线不至于过密或过疏。

(4) 设置图案与边界的关联▨。

在"选项"面板若选中关联▨，即图案填充区域和填充边界是关联的，当边界改变时，填充区域会相应变化。

3. 生成面域▣

圆、矩形、正多边形都是封闭图形，利用多段线、样条和直线的闭合选项也可生成封闭区域。但是，所有这些图形都只包含边的信息而没有面，因此称为线框，见图 7-17(a)。

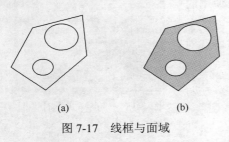

(a)   (b)

图 7-17   线框与面域

【常用】→"绘图"面板→"面域"▣，可从已有的 2D 封闭对象(如封闭折线、多段线、圆、样条曲线)或多个对象组成的封闭区域来创建面域，自相交或不闭合的对象不能转换为面域。

面域不但含边的信息，还有边界内的信息，如孔、槽等。AutoCAD 可利用这些信息计算工程属性，如面积、质心等，还可对面域执行布尔操作，见图 7-17(b)。

7.5   AutoCAD 图形编辑

本节将介绍 AutoCAD 对图形对象的各种编辑方法。

7.5.1   建立选择集

进行图形编辑时，首先要确定编辑对象。可选择一个或多个被编辑对象，建立一个选择集。被选中的图形对象，系统用虚线显示，以区别于选择集外的对象。系统要求用户建立编辑命令的选择集时，光标也变为选择光标(小正方形)，并进入选择目标状态。

AutoCAD 提供了多种选择对象的方法，下面对一些常用的选择方法进行介绍。

1. 点选

用户直接将选择光标移到某一图形对象上单击，该对象立刻用"醒目"方式(虚线)显示，表示该对象已被选中，进入选择集。若是可对多个图形对象进行编辑的命令，会重复提示"选择对象："，要求用户再选择被编辑对象，这样，用户按住 Shift 键一次点选一个，可多次选择，选择结束时键入回车键，建立最终的选择集。选择光标尽量不要定在两个或几个对象的交叉区域，因选择光标套住几个对象，无法预计会选中哪一个。被选择的对象若为 FILL OFF 的非填充对象，选择光标应指在对象边界上。

2. W(Window)窗

在选择状态下，先单击矩形左角点，再单击右角点。屏幕上出现一个以输入的两点为对角点的实线矩形，称 W 选择窗。此时，完全包含在窗口内的图形对象被选中，且虚线显示，而与窗口交叉或完全在窗口外的图形对象不会被选择，也就不会被编辑。故 W 窗将完全在窗口内的图形对象建立一个选择集。

3. C(Crossing)窗

在选择状态下，先单击矩形右角点，再单击左角点。此时屏幕上出现一个以输入的两点为对角点的虚线矩形。称 C 选择窗(又称交叉窗口)，完全在窗口内的对象和与 C 窗口矩形交叉的对象进入选择集。

4. 扣除模式

在选择状态，如果按住 Shift 键，再选择已在选择集中的对象，就可在已建立的选择集中，移走被选择的对象，将其从选择集中排除。

7.5.2　Windows 标准编辑

当用户要使用另一个 AutoCAD 图形文件中的对象时，可以先将这些对象剪切或复制到剪贴板，然后将它们从剪贴板粘贴到目标文件中。Windows 标准编辑工具在"常用"功能选项的"剪贴板"面板里，如图 7-18 所示。

图 7-18 "剪贴板"面板

1. 剪切对象

从图形中删除选定对象并将它们存储到剪贴板上。

2. 复制对象

将图形的部分或全部存储到剪贴板上。AutoCAD 对象以矢量形式复制，可在其他应用程序中保持高的分辨率。这些对象以 WMF(Windows 图元文件)格式存储在剪贴板中。然后剪贴板中存储的信息可以嵌入其他文档。更新原始图形并不更新已嵌入其他应用程序的副本。

3. 粘贴对象

将剪贴板中的内容粘贴到 AutoCAD 图形中。

4. 匹配特性

可将一个对象的某些或所有特性复制到其他对象。可以复制的特性类型包括：颜色、图层、线型、线型比例、线宽、打印样式和厚度等。

7.5.3　AutoCAD 基本编辑

AutoCAD 具有丰富的图形编辑功能，在绘图时，编辑并不仅仅意味着删除对象和修改对象，如果在绘图时就能灵活地使用绘图命令和图形编辑命令，可极大地提高计算机绘图的效率和绘图精度。

AutoCAD 的大部分编辑命令在"修改"面板里，见图 7-19。编辑命令实施的对象是图形对象，可对一个对象或多个对象进行编辑。AutoCAD 提供了两种编辑方式：一是先调用编辑命令再建立选择集；二是建立选择集后再调用编辑命令。

在第一种编辑方式下，大多数编辑命令的执行过程可分为四步。

(1) 调用编辑命令；

(2) 建立选择集；

(3) 输入命令执行时需要的点、数值等参数；

(4) 观察屏幕发生的变化，若编辑结果不理想，可按 Esc 键，取消本次编辑命令。

图 7-19 "修改"面板

1. 删除

可以在图形中删除用户所选择的一个或多个对象。

2. 移动

可以将用户所选择的一个或多个对象平移到其他位置，但不改变对象的方向和大小，见图 7-20。

先构造要移动的对象的选择集，并回车确定；接着指定一个基点，可通过键盘输入或鼠标选择来确定基点；此时系统要求输入位移量。

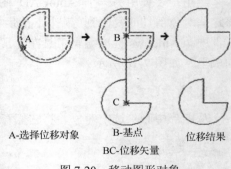

A-选择位移对象　　B-基点　　位移结果
BC-位移矢量

图 7-20　移动图形对象

这时有两种输入位移方式。

(1) 指定第二点：系统将根据基点到第二点之间的距离和方向来确定选中对象的移动距离和移动方向。在这种情况下，移动的效果只与两个点之间的相对位置有关，而与点的绝对坐标无关。

(2) 直接回车：系统将基点的坐标值作为相对的 X、Y、Z 位移值。在这种情况下，基点的坐标确定了位移矢量(即原点到基点之间的距离和方向)，因此，基点不能随意确定。

3. 复制

可以将用户所选择的一个或多个对象生成一个副本，并将该副本放置到其他位置。

先构造要复制的对象的选择集，并按回车确定。其他的操作过程同移动命令完全相同。不同之处仅在于操作结果，即移动命令是将原选择对象移动到指定位置，而复制命令则将其副本放置在指定位置，而原选择对象并不发生任何变化，见图 7-21。

4. 旋转

将所选择的一个或多个对象绕某个基点和一个相对或绝对的旋转角进行旋转。

先构造要旋转对象的选择集，并按回车确定，接着需要指定一个基点，即旋转对象的旋转中心。然后指定旋转的角度，这时有两种方式可供选择。

(1)直接指定旋转角度：即以当前的正角方向为基准，按用户指定的角度进行旋转。

(2)选择参照：系统提示指定一个参照角，然后再指定以参照角为基准的新的角度。

5. 缩放 🔳

按比例放大和缩小所选择的一个或多个对象图形，即在 X、Y 和 Z 方向等比例放大或缩小对象，见图 7-22。

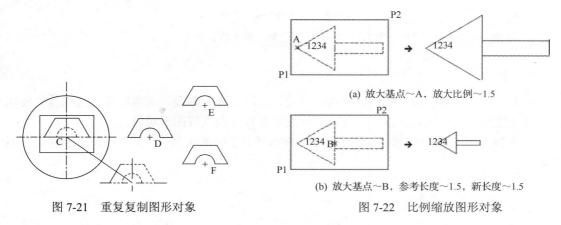

图 7-21　重复复制图形对象　　　　　　图 7-22　比例缩放图形对象

先构造要比例缩放对象的选择集，并按回车确定。需要指定一个基点作为图形缩放中心；然后指定缩放比例因子，这时有两种方式可供选择。

(1)直接指定比例因子：大于 1 的比例因子使对象放大，而介于 0 和 1 之间的比例因子将使对象缩小。

(2)选择参照：指定参照长度(缺省为 1)，然后再指定一个新的长度，并以新的长度与参照长度之比作为比例因子。

6. 断开 🔲、断点 🔲 与合并 ✦✦

断开命令可以把对象上指定两点之间的部分删除，这些对象包括直线、圆弧、圆、多段线、椭圆、样条曲线和圆环等。

断开命令要求在某个对象上依次指定两个点作为第一、第二断点，然后擦除两断点间的对象部分，见图 7-23(a)。在擦除圆或圆弧的一部分时，注意以逆时针方向指定第一、第二断点，见图 7-23(b)。若选择点在对象外，系统从该点向对象作垂线，垂足即为断点，见图 7-23(c)。若指定点在直线或圆弧等非闭合对象的端点之外，那么对象的这一端就被截掉，见图 7-23(d)。

断点命令可将图形对象就在断点处被切开，该对象被分为两个对象，像圆这样的闭合单个对象不能作断点操作。对象被切开后，不擦除对象的任何部分，该对象视觉上没有任何变化，但在图形数据库中，它已被分为两个对象。

合并命令可将两个或多个连续的图形对象在连接点处连接起来，成为一个图形对象。

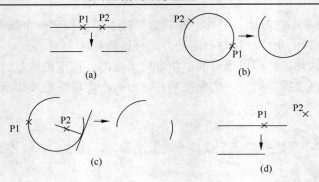

P1—第一断点　P2—第二断点

图 7-23　指定第一、第二断点断开对象

7. 修剪

把多段线、圆弧、圆、椭圆、直线、射线、区域、样条曲线、文本以及构造线等作为切割边，去修剪直线、圆弧、圆、多段线、射线以及样条曲线等图形对象。

图 7-24 显示对相同的修建对象，由于选择修剪对象时的选择点不同，将得到不同的修剪结果。

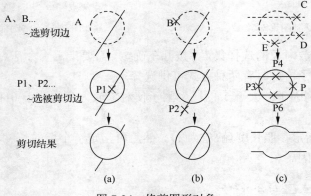

图 7-24　修剪图形对象

(1)修剪边和被修剪的对象一定要相交，可以是直接相交，也可以是延伸相交。若两者没有直接相交，则应首先在"选择要修剪的对象，按住 Shift 键选择要延伸的对象，或 [投影(P)/边(E)/放弃(U)]:"提示下选择 E，然后将其设为可延伸，然后才能继续修剪操作。

(2)修剪边同时也可作为被修剪边。

(3)注意点取被修剪边时选择点的位置，选择点位置决定被修剪部分的位置。

8. 延伸

延长选定的直线、圆弧等对象到指定界限边，见图 7-25。

有效的延伸边界对象包括多段线、圆、椭圆、直线、射线、区域、样条曲线、文本和构造线等。

图 7-25　延伸圆弧

(1)注意选择被延伸边时选点的位置，延伸边靠近选点的一端被延伸。

(2)点取延伸边后，可能因延伸边与界限边不相交而使命令失败。

(3)闭式多段线无法延伸。

(4)在一个延伸命令中，可选择多条界限边，然后每选中一个被延伸对象后该对象立即被延伸，若有错可以及时采用 Undo 选项取消最近一次延伸，可多次选择被延伸对象。

(5)对象既可以作为界限边也可以作为延伸边。

9. 拉长

拉长命令用于改变圆弧的角度，改变包括直线、圆弧、非闭合多段线、椭圆弧和非闭合样条曲线等非闭合对象的长度。

选择了某个对象时，系统将显示该对象的长度。

其他选项则给出了四种改变对象长度或角度的方法，见图 7-26。

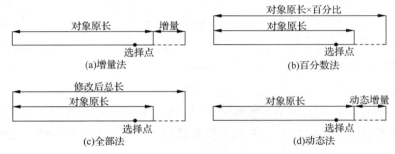

图 7-26　拉长命令的四种方法

(1)增量(DE)。指定一个长度或角度的增量。如果用户指定的增量为正值，则对象从距离选择点最近的端点开始增加一个增量长度(角度)；而如果用户指定的增量为负值，则对象从距离选择点最近的端点开始缩短一个增量长度(角度)。

(2)百分数(P)。指定对象总长度或总角度的百分比来改变对象长度或角度。如果用户指定的百分比大于 100，则对象从距离选择点最近的端点开始延伸，延伸后的长度(角度)为原长度(角度)乘以指定的百分比；而如果用户指定的百分比小于 100，则对象从距离选择点最近的端点开始修剪，修剪后的长度(角度)为原长度(角度)乘以指定的百分比。

(3)全部(T)。指定对象修改后的总长度(角度)的绝对值。

(4)动态(DY)。指定该选项后，系统首先提示用户选择拉伸对象，打开动态拖动模式，并可动态拖动距离选择点最近的端点，然后根据被拖动的端点的位置来改变选定对象的长度(角度)。

用户在使用以上四种方法进行修改时，均可连续选择一个或多个对象实现连续多次修改，并可随时选择"放弃"选项来取消最后一次的修改。

10. 分解

将块、矩形、正多边形、多段线或尺寸等对象分解成单个对象(直线、圆弧、圆等)。

用矩形或正多边形等命令生成的图形是一个对象，使用该命令分解后，矩形或正多边形分解为单根直线。多段线分解为各自独立的直线和圆弧对象，被分解的各段多段线将丢失宽度和切线信息，见图 7-27。

11. 阵列

阵列就是能按一定的排列方式多重复制一组图形目标。按行按列排列的阵列称矩形阵列，按一个圆或圆弧的等分点排列的阵列称环形阵列。

(1) 矩形阵列██。

矩形阵列需要指定阵列的行数、列数、行、列偏移的距离与阵列方向角。其中行间矩为正，图形目标向上阵列，反之则向下阵列；若列间距为正，图形目标就向右阵列，反之则向左。阵列可以是单行多列、多行单列与多行多列，见图7-28。

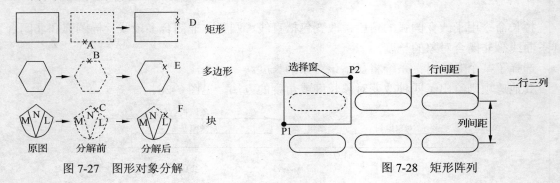

图 7-27 图形对象分解

图 7-28 矩形阵列

(2) 环形阵列。

环形阵列需确定阵列中心，另外在阵列项目总数、阵列填充角度和阵列项目间角度三个项目中需确定其中的两项，还需确定阵列时图形目标是否绕阵列中心旋转，见图7-29。

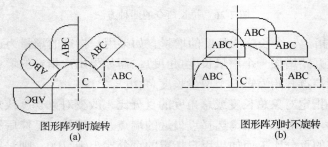

图形阵列时旋转
(a)

图形阵列时不旋转
(b)

阵列中心～C   阵列个数～5 个阵列填充角度～180°

图 7-29 环形阵列

(3) 路径阵列。

沿路径阵列复制图形对象，路径可以是直线、圆（圆弧）、椭圆（椭圆弧）、多段线和样条曲线等，见图7-30。

12. 镜像██

按指定的对称线镜像选定的图形对象。

先建立选择集，再指定两点确定镜像对称轴。镜像时可删除原图或保留原图，用户只需键入 Y 或 N 来响应即可，见图7-31。

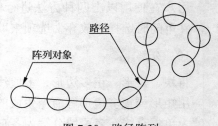

图 7-30 路径阵列

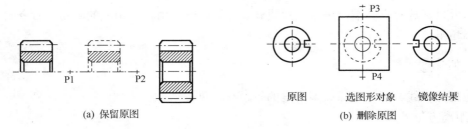

图 7-31　镜像图形对象

13. 倒角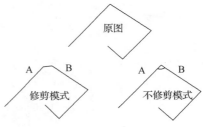

用指定的倒角距离对相交的两直线或多段线作倒角。各命令选项意义如下。

(1) 多段线：用于对多段线的所有顶点进行倒角。

(2) 距离、角度：用于设定距离和角度值。

(3) 修剪：用于设定是否修剪过渡线段，见图 7-32。

(4) 方法：决定是由每条线段的距离还是一条线段和角度来确定倒角。

如果默认的倒角距离不合要求，要输入倒角距离 d1。系统缺省值为 d2=d1，用户也可以对 d2 输入一个不等于 d1 的值。选择倒角目标时，若选取相邻的两条线，系统在两条线的顶点上生成一个倒角；若点选的是一条多段线的相邻两段，就在这两段的顶点生成一个倒角；若输入 P，表示目标为整个多段

图 7-32　倒角的修剪模式与不修剪模式

线，则多段线的每个顶点均生成一个倒角。倒角距离为零时，可使两条不相交的直线变成相交直线。

14. 圆角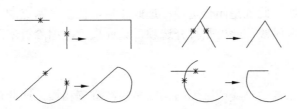

用于在两个对象间加上一段圆弧或在一条多段线的顶点作圆角。

圆角命令各选项的意义与倒角基本相同。若两基本元素(直线、圆和圆弧)没有相交至交点或相交至交点后又延伸出去，用半径为零的倒圆半径可延长对象至交点或删除交点以外的线，使倒圆的两基本对象形成一个角，见图 7-33。

延长使两图形对象相交　　　　删除两图形对象交点以外的图线

图 7-33　圆角半径为零的情况

在拾取倒圆对象时，如果不止一个可能的圆角，选取点的位置决定绘制其中某个圆角，

系统对靠近目标选择点的端点进行截短或延长，生成一条由弧线构成的圆角。命令的 R 选项可改变圆角半径。

15. 偏移

产生指定直线、圆、圆弧或多段线的等距线，见图 7-34。

(1) 距离方位方式。

系统要求输入等距线与原来对象之间的距离，以及指定一点来确定等距线在原来图形的哪一边，其中距离必须为正值。

(2) 通过方式。

系统要求选择等距目标及指定等距线要通过的一点。

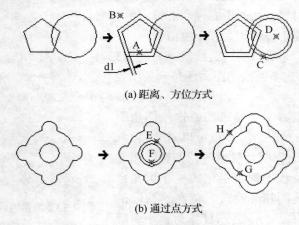

(a) 距离、方位方式

(b) 通过点方式

图 7-34　绘制等距线

16. 编辑多段线

首先选择一条多段线作为编辑对象。若选择的是一条直线或圆弧，系统询问，是否将该直线或圆弧转成一条多段线？若键入 Y，系统接着提示编辑该多段线的选项；若键入 N，系统认为该选择无效（因为该命令只能用于编辑多段线），提示用户重新选择一条多段线。该命令的主要选项说明如下。

(1) 闭合/打开。

若是一条开式多段线，此处是闭合选项，选此项后，在首末两点增加一条线段形成闭式多段线。若是一条闭式多段线，此处是打开选项，选此项后，擦除首末两点间的线段，形成一条开式多段线。

(2) 合并。

若有一串首尾准确相接的直线或圆弧与当前多段线准确相接，选此选项，可将它们连接成一条新的多段线。

(3) 宽度。

修改多段线的宽度。

（4）编辑顶点。

可对多段线作断开、拉直、移动顶点和插入新顶点等操作。进入顶点编辑状态后，系统在当前顶点标有一 X 标记，可用下一个与上一个选项移动 X 标记，定位到要编辑的顶点，见图 7-35。

（5）拟合。

在每两个相邻顶点之间增加两个顶点，由此来生成一条光滑的曲线，该曲线由连接各对顶点的弧线段组成。曲线通过多段线的所有顶点并使用指定的切线方向，见图 7-36。

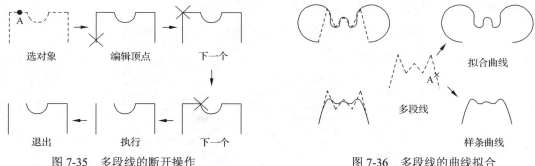

图 7-35　多段线的断开操作　　　　　　　图 7-36　多段线的曲线拟合

如果原多段线包含弧线段，在生成样条曲线时等同于直线段。如果原多段线有宽度，则生成的样条曲线将由第一个顶点的宽度平滑过渡到最后一个顶点的宽度，所有中间的宽度信息都将被忽略。

（6）样条曲线。

使用多段线的顶点作控制点来生成样条曲线，该曲线将通过第一个和最后一个控制点，但并不一定通过其他控制点。这类曲线称为 B 样条曲线。AutoCAD 可以生成二次或三次样条拟合多段线，见图 7-36。

（7）线型生成。

如果该项设置为"ON"状态，则将多段线对象作为一个整体来生成线型；如果设置为"OFF"，则将在每个顶点处以点画线开始和结束生成线型。注意，该项不适用于变宽度线段的多段线。

（8）非曲线化。

删除拟合曲线和样条曲线插入的多余顶点，并将多段线的所有线段恢复为直线，但保留指定给多段线顶点的切线信息。

17.　编辑样条曲线

命令的主要选项介绍如下。

（1）拟合数据。

拟合数据由所有的拟合点、拟合公差和与样条曲线相关联的切线组成。

（2）闭合。

闭合开放的样条曲线，使其在端点处切向连续。如果样条曲线的起点和端点相同，"闭合"选项使其在两点处都切向连续。对于已闭合的样条曲线，则该项被"打开"所代替，其作用相反。

(3) 编辑顶点。

重新定位样条曲线的控制顶点并且清理拟合点。

(4) 转换为多段线。

给定精度后，可将该样条转换为多段线。

18. 编辑图案

选择需编辑图案对象后，系统弹开"图案填充编辑"对话框，见图 7-37。可重新选择图案，重新定义图案的角度、比例、编辑填充边界和填充方式等。

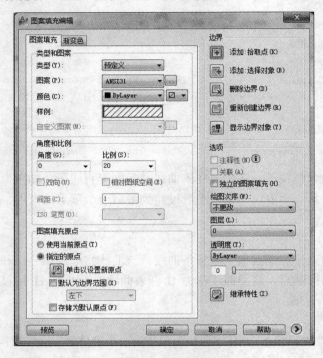

图 7-37　"图案填充编辑"对话框

7.5.4　AutoCAD 夹点编辑

前面已介绍了 AutoCAD 的大部分编辑命令，本节将介绍运用夹点控制的自动编辑方法。

1. 夹点简介

为了便于控制和操纵对象，AutoCAD 在每个对象上都设置有一个或几个夹点。夹点有打开和关闭两种状态，由系统变量 GRIPS 控制，GRIPS 是 1(缺省值)，为打开状态。在出现"命令："提示时，选择对象，夹点以蓝色小夹点框的形式出现在对象上。

基本对象的夹点见图 7-38。

图形对象依次为直线、圆弧、圆、块、椭圆、多边形、点、多段线、圆环、文本、矩形、尺寸。

图 7-38　图形对象的夹点

直线的夹点为中点和端点，若在某个夹点上单击，该夹点就被精确地选中，并以红色填充夹点框来区别其他夹点，该夹点称为"热点"，此时，系统进入自动编辑模式，"热点"就是自动编辑模式操纵对象的基点。

当对象及一个夹点被选中成"热点"后，自动编辑模式有效，它是一组特别的编辑命令，下面简要介绍这些编辑模式。

（1）拉伸模式。

对象上的"热点"被移至新的位置，而对象上的其他部分位置不变，事实上对象被拉压以至形状和大小都已改变。对象上有不同的夹点，有的热点使对象在拉伸模式下移动。

（2）移动模式。

将对象从一个位置移动到另一个新位置。

（3）旋转模式。

将对象绕一指定基点旋转。直接输入旋转角，或在拖动方式下以指定点确定旋转角度。

（4）比例缩放模式。

将对象相对某一基点按给定比例系数放大与缩小，可直接输入比例系数，或在拖动方式下用指定点确定比例系数。

（5）镜像模式。

将对象对"热点"与另一指定点形成的镜像轴进行镜像。

2．自动编辑模式

AutoCAD 的自动编辑模式有以下共同点。

在"命令："提示下，当对象及一个夹点被选中为"热点"后，系统即进入自动编辑状态。可直接键入自动编辑模式名的前两个字母，来选择这种自动编辑方式；也可按回车或空格键，按照拉伸→移动→旋转→比例→镜像的次序，在这五种自动编辑方式中切换；还可以单击鼠标右键，在快捷菜单中选择相应的命令。

7.6　本章实例练习

练习 1　分别创建纵向放置和横向放置个人用的 A4 样板图。

本例通过编辑样板图 my_a3_h.dwt，分别创建一张纵向放置的 A4 样板图（图纸界限 210×297），一张水平放置的 A4 样板图（图纸界限 297×210）。

step1　打开第 6 章实例练习完成的样板图 my_a3_h.dwt。

　　单击 📂，检索打开 my_a3_h.dwt，缺省路径为"AutoCAD 2012 / Template / my_a3_h.dwt"。

step2　编辑绘制 A3 图纸的图纸界限边框、图框和标题栏。

　　(1)分解图纸界限边框的细实线矩形和图框的粗实线矩形。

【常用】选项→"修改"面板→分解图标▥→选择两矩形图框→回车。

　　(2)将右下角的标题栏、右边框和右边界线向左平移 210。

【常用】选项→"修改"面板→移动图标✛→用 C 窗选择标题栏、右边框和右边界线，见图 7-39。即在系统要求"选择对象："时，先拾取 P1 点，再拾取 P2 点→回车。

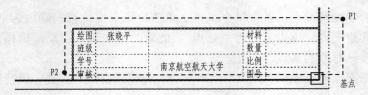

图 7-39　建立移动命令的选择集

打开"对象捕捉"标签，捕捉图纸界限右下角为移动基点。

　　　　指定位移的第二点或<用第一点作位移>：　210,0↙

移动结果如图 7-40 所示。

　　(3)修剪图纸右下角和右上角，见图 7-40。

单击"修改"面板的修剪 ✂。

逐个点选右边框和右边界线作为剪切边，并回车。

逐个点选需剪切的边，并回车。

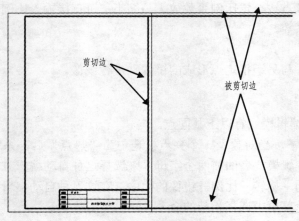

图 7-40　修剪边框

step3　保存为样板文件(.dwt)。

　　文件→另存为…，输入文件名：my_a4_v.dwt。

step4　创建水平放置的样板图 my_a4_h.dwt。

　　(1)移动右边框、右边界线和标题栏。移动基点(210, 0)，目标点(297, 0)。

单击"修改"面板的移动 ✛。系统提示：

选择对象: 用 C 窗建立移动选择集(包括右边框、右边界线和标题栏)，回车。
指定基点或位移: 捕捉图纸界限右下角点。
指定位移的第二点或<用第一点作位移>: 297,0↙

(2)移动上边框、上边界线，移动基点(0, 297)，目标点(0, 210)。
单击"修改"面板的移动✛。系统提示:

选择对象: 用 C 窗选择上边框、上边界线，回车。
指定基点或位移: 捕捉图纸界限左上角点。
指定位移的第二点或<用第一点作位移>: 0,210↙

(3)延伸和修剪边框和边界线。
单击"修改"面板的延伸 ⊣/。
逐个点选右边框和右边界线作为边界边，并回车。
逐个点选要延伸的边，并回车。
单击"修改"面板的修剪 -/…。
逐个点选上边框和上边界线作为剪切边，并回车。
逐个点选需剪切的边，并回车。

(4)保存为样板文件(.dwt)。
文件→另存为…，输入文件名：my_a4_h.dwt。

练习 2　绘制如图 7-41 所示的禁止停车标志。

step1　以"my_a4_v.dwt"为样板建立新的图形文件。
step2　创建图层。

【常用】选项→"图层"面板→图层特性 ⫴，系统打开图层特性管理器，新建"圆环"、"直线"和"文字"三个图层，并将"圆环"层设为当前层。其图层特性的设置见图 7-42。

图 7-41　标志　　　　　　　　　　　　　图 7-42　创建图层

step3　标志图形绘制。
(1)在"圆环"层上绘制圆环。
【常用】选项→"绘图"面板→圆环◎

指定圆环的内径<0.5000>: 100↙
指定圆环的外径<1.0000>: 120↙
指定圆环的中心点或<退出>: 在图纸中间拾取一点作为圆环中心，并回车。

(2)在"文字"层写 P 字。
在"图层"面板的图层下拉列表中选"文字"层，"文字"层即被设为当前层。

单击"注释"面板的文字图标$\mathbf{A}$，在文字编辑器的字符下拉列表中，字体选 Times New Roman，字高 80，键入大写字母"P"。

在"修改"面板单击移动图标 ✛，移动字母 P 到圆环的中心。

(3) 在"直线"层画一对交叉线。

在"图层"面板的图层下拉列表中选"直线"层，"直线"层即被设为当前层。

【常用】选项→"绘图"面板→多段线图标 ⤵。系统提示：

> 指定起点： 捕捉圆环的圆心。
> 指定下一点或 [圆弧(A)/闭合(C)/半宽(H)/长度(L)/放弃(U)/宽度(W)]： W↙
> 指定起点宽度<10.0000>： 6↙
> 指定端点宽度<6.0000>： ↙
> 指定下一点或 [圆弧(A)/半宽(H)/长度(L)/放弃(U)/宽度(W)]： @55<45↙
> 指定下一点或 [圆弧(A)/闭合(C)/半宽(H)/长度(L)/放弃(U)/宽度(W)]： ↙

【常用】选项→"修改"面板→延伸图标 ⤙。系统提示：

> 选择边界的边...
> 选择对象: 选择圆环，并回车。
> 选择要延伸的对象，按住 Shift 键选择要修剪的对象，或 [投影(P)/边(E)/放弃(U)]:选直线靠圆心的一端，让其向左下方延伸至圆环，回车。

【常用】选项→"修改"面板→镜像图标 ⚏。系统提示：

> 选择对象: 选择多段线，回车。
> 指定镜像线的第一点: 捕捉圆环的圆心。
> 指定镜像线的第二点:打开"正交"，拾取垂直镜像轴的第二点。
> 是否删除源对象？[是(Y)/否(N)] <N>: ↙   (保留源直线)

step4 填写标题栏并保存文件。

【常用】选项→"绘图"面板→文字图标$\mathbf{A}$，在标题栏内写入信息，并保存图形。

练习3 绘制如图 7-43 所示的挂轮架。

step1 以"my_a4_h.dwt"为样板建立新的图形文件。

step2 创建图层。

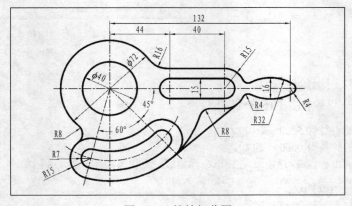

图 7-43 挂轮架草图

【常用】选项→"图层"面板→图层特性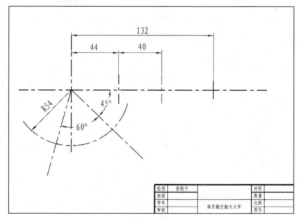，在图层特性管理器中，新建如下图层：

层名：粗实线　　　　颜色：白　　　线型：continuous　　　线宽：0.30
　　　　中心线　　　　　　红　　　　center　　　　　　　　0.13
　　　　虚线　　　　　　　黄　　　　dashed　　　　　　　　0.13
　　　　尺寸　　　　　　　白　　　　continuous　　　　　　0.13
　　　　文字　　　　　　　白　　　　continuous　　　　　　0.13

在设置中心线层的线型时，可能需要载入线型。选择【加载...】，系统弹出"加载或重载线型"对话框，选择全部线型，单击【确定】即返回线型管理器。

在"线型管理器"对话框中选择 center 线型。单击【确定】即返回图层特性管理器。

在"图层特性管理器"对话框中选择【显示细节】，将"全局比例因子"更改为 0.5，单击【确定】。

step3　重新保存带有图层设置的样板文件，避免以后重复进行图层定义操作。

文件→另存为...，文件类型：选"*.dwt"，文件名：my_a4_h.dwt。

step4　绘制定位基准线，见图 7-44。

图 7-44

(1) 在图层控件下拉列表将中心线层设为当前层，打开"正交"。

(2) 在屏幕上合适位置直接拾取两点，绘制挂轮架的水平中心线。

(3) 使用偏移工具从左至右分别画三条竖直中心线。

① 直接在屏幕上合适位置拾取两点绘制第一条竖直中心线。

② 绘制第二条竖直中心线。

③ 单击"修改"面板的偏移图标。系统提示：

　　　指定偏移距离或 [通过(T)] <通过>：44↙
　　　选择要偏移的对象或<退出>: 选择第一条竖直中心线。
　　　指定点以确定偏移所在一侧: 在第一条竖直中心线的右侧任意一点单击。
　　　选择要偏移的对象或<退出>: ↙

④ 以同样的方式绘制第三、四条竖直中心线，偏移距离分别为 84 和 132。

用夹点编辑方式调整各中心线的长短。即在命令窗口为"命令:"提示时，选取直线对象，此时，直线显示夹点，选取端点夹点或中点夹点，可灵活调整直线长度或移动直线。

(4) 绘制与水平中心线成-45°的一条径向中心线，和与该线成 60°的另一条径向中心线。

打开"极轴"和"动态输入"，单击鼠标右键选"设置…"，在"草图设置"对话框的"极轴追踪"标签页，在"增量角"下拉列表中选 15，"极轴角测量"为"绝对"，单击【确定】。单击直线图标 ✐，捕捉中心线的交点为所绘直线的起始点，移动鼠标，待系统显示追踪矢量并动态坐标提示为"极轴：…＜315*"时，单击鼠标左键，完成与水平中心线成-45°的径向中心线的绘制。

以同样的方式绘制另一条径向中心线，此时动态坐标提示为"极轴：…＜255*"。

(5) 绘制圆弧中心线。

先画半径为 54 的圆，然后用"修改"面板的打断工具 ▭。系统提示：

> 选择对象: 选择圆弧，该选择点也就是第一断点。
> 指定第二个打断点或 [第一点(F)]:指定第二断点。

系统删除从第一断点逆时针旋转到第二断点的圆弧段。所以，要注意拾取两个断点的先后顺序。

step5　绘制已知圆弧(圆心、半径已确定)和直线，见图 7-45。

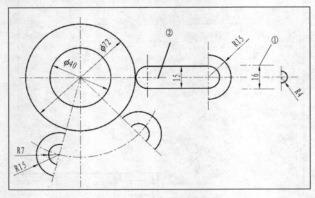

图 7-45

(1) 绘制 $\phi40$、$\phi72$ 两圆。

(2) 其余 R7(2 个)、R15(3 个)、R7.5(2 个)、R4(1 个)共八个半圆弧，均为先画圆，然后用中心线修剪所得。

(3) 绘制图示①处距离为 16 的平行线。

使用"修改"面板的偏移图标 ▱，由中心线向两边各偏移 8。

(4) 打开"对象捕捉"，绘制图示②处的上下两根直线。

step6　绘制中间弧和直线，见图 7-46。

(1) 绘制图示①处四段圆弧。

打开"对象捕捉"，单击画圆弧图标 ⟋，系统提示：

> 指定圆弧的起点或 [圆心(C)]:　c↙
> 指定圆弧的圆心: 捕捉圆心
> 指定圆弧的起点: 捕捉圆弧起始点。
> 指定圆弧的端点或 [角度(A)/弦长(L)]: 捕捉圆弧端点。

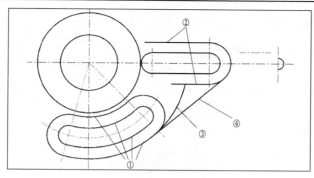

图 7-46

系统从圆弧起始点逆时针绘制到圆弧端点。所以，要注意拾取两个点的先后顺序。

图示①处的另三段圆弧用同样方法绘制。

(2) 绘制②处两根直线，从右向左画，先捕捉右端点，直线长度大致确定即可。

(3) 用"修改"面板的延伸图标 ┨ 向右延伸③处最外一根大圆弧。

(4) 绘制④处的相切直线。

单击直线图标 ✏，系统要求输入直线起点，按住 Shift 键，选择右键快捷菜单的"捕捉切点" ○，系统捕捉光标变成 ○…，在所绘直线要相切的圆弧处单击。同样以切点捕捉的方式捕捉直线终点。即可绘制与两圆弧相切的直线。

step7　绘制挂轮架的右端弧，见图 7-47。

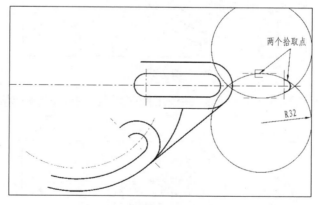

图 7-47

用切点、切点、半径方式画圆。

单击画圆图标 ⊘，系统提示：

　　指定圆的圆心或 [三点(3P)/两点(2P)/相切、相切、半径(T)]：_t↙

　　指定对象与圆的第一个切点：拾取要相切的右端小圆弧。

　　指定对象与圆的第二个切点：拾取要相切的直线。

　　指定圆的半径<20.0000>：_32↙

用同样的方法绘制另一个圆。

step8　如图 7-48 所示修剪挂轮架的右端。

使用修剪工具修剪，其中右端小圆弧、两根平行线和两个圆都应选作剪切边。

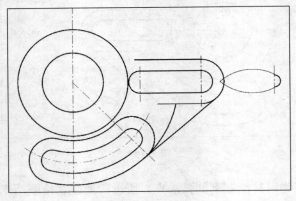

图 7-48

step9　用切点、切点、半径方式画图 7-49 所示的三个连接弧圆。

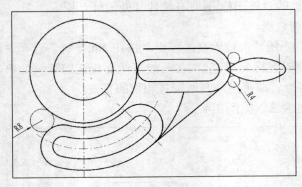

图 7-49

step10　修剪前一步所绘制的连接弧圆，并使用倒圆工具绘制其余各连接弧，最后绘制结果见图 7-50。

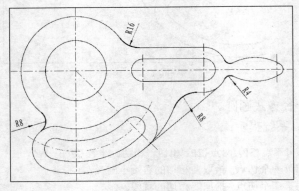

图 7-50

其中半径 R16 的倒圆操作介绍如下。

单击倒圆图标，系统提示：

　　　　当前模式：模式 = 修剪，半径 = 10.0000

选择第一个对象或 [多段线(P)/半径(R)/修剪(T)]: r↙
指定圆角半径<10.0000>: 16↙
选择第一个对象或 [多段线(P)/半径(R)/修剪(T)]: 选择第一个需连接的对象
选择第二个对象: 选择第二个需连接的对象

step11 调用"另存为"命令将图 7-51 的图形保存为"挂轮架.dwg"。

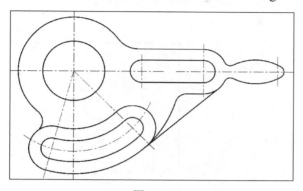

图 7-51

练习 4 绘制图 7-52 所示的扳手。

step1 以"my_a4_h.dwt"为样板建立新的图形文件。
step2 创建图层,并保存到该样板文件。

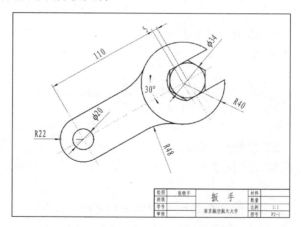

图 7-52 扳手图形

【常用】选项→"图层"面板→图层特性 ,在图层特性管理器中,新建如下图层:

层名:粗实线	颜色:白	线型:continuous	线宽:0.30
中心线	红	center	0.13
虚线	黄	dashed	0.13
尺寸	白	continuous	0.13
文字	白	continuous	0.13

step3 设置中心线层为当前层,并在中心线层绘制定位基准线,见图 7-53。
(1)绘制倾角为 30° 的对称线。

直线的始点在屏幕上合适位置拾取，系统提示输入终点坐标时，输入相对坐标"@200<30"。

(2) 绘制右上方第一根垂直于倾角为 30° 的对称线的中心线。

(3) 直线的始点在屏幕上合适位置拾取，系统提示输入终点坐标时，输入相对坐标"@100<–60"。

(4) 用偏移工具绘制另两根中心线，偏移距离分别为 5 和 115。

step4　绘制已知图形对象，见图 7-54。

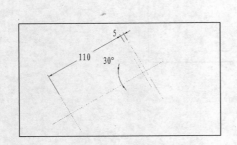

图 7-53

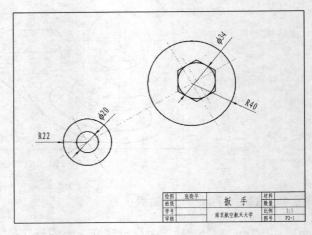

图 7-54

(1) 绘制 ϕ34 的圆。

(2) 绘制与圆相切的正六边形，其绘制过程如下。

单击正多边形⬡，系统提示：

> 输入边的数目<4>: 6↙
> 指定正多边形的中心点或 [边(E)]: 拾取直径为 ϕ34 圆的圆心。
> 输入选项 [内接于圆(I)/外切于圆(C)] <I>: c↙
> 指定圆的半径: 拾取直径为 ϕ34 圆的左象限点或右象限点。

(3) 分别绘制 R40、R22 和 ϕ20 三个圆。

step5　进一步绘制扳手头部，见图 7-55。

(1) 分解正多边形。

(2) 向右上方延伸正多边形的两条边至半径为 R40 的大圆。

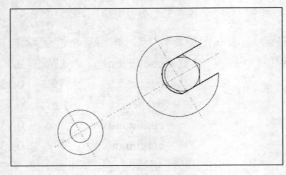

图 7-55

（3）修剪正多边形两条边中间 R40 的大圆弧。

（4）用三点画圆弧的方式画扳手槽的圆弧。

step6　进一步绘制扳手的把手，见图 7-56。

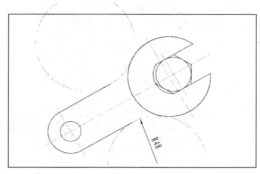

图 7-56

（1）用修剪工具剪去扳手把手端部的右半个圆。

（2）拾取半圆的上、下两个端点绘制把手的两根直线，用偏移工具或相对坐标画直线方式都可以。

（3）用切点、切点、半径方式绘制半径为 R48 的连接弧圆。

step7　修剪连接弧。

step8　填写标题栏，并保存图 7-57 所示的扳手图形。

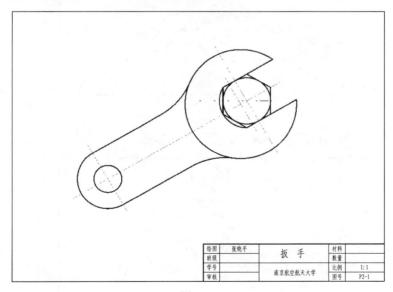

图 7-57

练习 5　绘制如图 7-58 所示的花键槽板。

step1　以"my_a4_h.dwt"为样板建立新的图形文件。

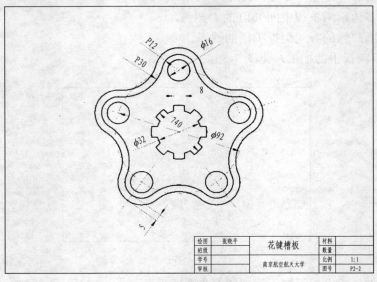

图 7-58　花键槽板草图

step2　在中心线图层绘制定位基准线，见图 7-59。

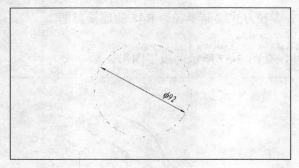

图 7-59

step3　将粗实线层设为当前层，绘制已知圆，见图 7-60。

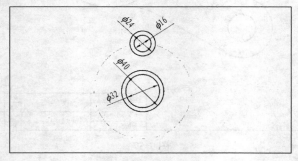

图 7-60

step4　环形阵列两小圆，阵列项目 5 个，阵列角 360°，阵列结果见图 7-61。

step5　用切点、切点、半径方式画 R30 的连接弧圆，并进行环形阵列，见图 7-62。

step6　修剪外圈圆弧，修剪结果见图 7-63。

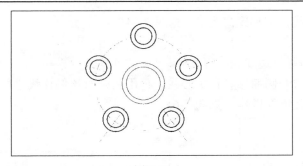

图 7-61

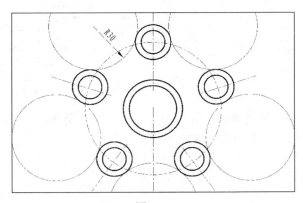

图 7-62

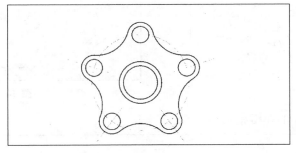

图 7-63

step7　将外圈的 10 段圆弧转换成一条多段线。

【常用】选项→"修改"面板→"修改"下拉面板→编辑多段线

系统提示:

　　　　选择多段线或 [多条(M)]:选取外圈上任意一条圆弧
　　　　选定的对象不是多段线
　　　　是否将其转换为多段线?<Y>↙
　　　　输入选项 [闭合(C)/合并(J)/宽度(W)/编辑顶点(E)/拟合(F)/样条曲线(S)/非曲线化(D)/线型生成(L)/放弃(U)]:　j↙
　　　　选择对象:按顺时针顺序依次选择外圈的另外 9 条圆弧
　　　　选择对象:　↙
　　　　9 条线段已添加到多段线
　　　　输入选项 [打开(O)/合并(J)/宽度(W)/编辑顶点(E)/拟合(F)/样条曲线(S)/非曲线化(D)/线型生成(L)/放弃(U)]:↙

step8　偏移外圈多段线，偏移距离为 5，见图 7-64。

step9　绘制花键槽。

（1）绘制花键槽的两侧边线。

先在竖直中心线的一侧偏移竖直中心线，再用两圆对该偏移线进行修剪，并将其移至粗实线层，然后进行镜像操作，见图 7-65。

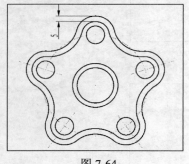

图 7-64

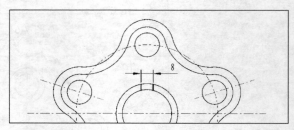

图 7-65

（2）环形阵列花键槽的两侧边线，阵列项目 8 个，阵列角 360°，阵列结果见图 7-66。

（3）修剪花键槽，修剪结果见图 7-67。

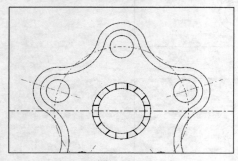

图 7-66

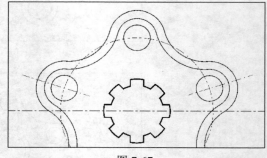

图 7-67

step10　保存如图 7-68 的花键槽板。

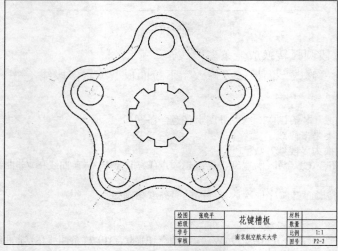

图 7-68　花键槽板图

第8章

AutoCAD 图样绘制

工程图样主要由一组精确的几何图形、文字、尺寸等内容组成。

8.1 AutoCAD 精确绘图

使用 AutoCAD 的多种精确绘图工具，可以快速生成精确的几何图形。

在 AutoCAD 图形编辑窗的下边沿有一个状态栏(图 8-1)，上面排列了多种精确绘图工具，可快速绘制精确的图形。

图 8-1　AutoCAD 状态栏

8.1.1 栅格

1. 栅格显示▦

使用栅格类似于在一张坐标纸上绘图，栅格点覆盖图形界限的整个区域。利用栅格可以对齐对象并直观显示对象之间的距离。栅格不会被打印。如果放大或缩小图形，可能需要调整栅格间距，使其适合新的放大比例。

单击状态栏上的"栅格显示"标签▦，或者按 F7 键进行栅格显示的开关切换。

2. 栅格捕捉▦

当栅格捕捉模式打开时，十字光标只能按照用户定义的间距移动。光标总是附着或捕捉栅格点。因此捕捉模式有助于使用鼠标在屏幕上精确地定位点。

单击状态栏上的"栅格捕捉"标签▦，或者按 F9 键进行栅格捕捉的开关切换。

3. 改变栅格和栅格捕捉的间距

在状态栏上除"正交""动态 UCS"和"透明度"标签以外的任一标签处单击，选择"设置…"选项。

系统都会打开"草图设置"对话框，见图 8-2。

单击"捕捉和栅格"标签，可进行相关的各种设置。要使用栅格捕捉模式绘图，必须将捕捉类型中选择"栅格捕捉"单选项。

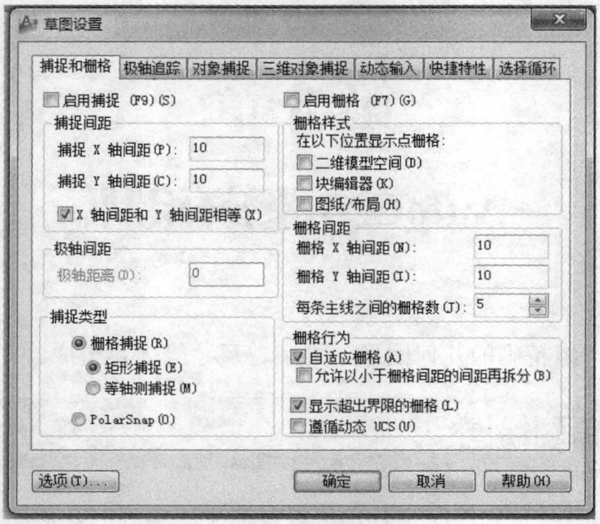

图 8-2　捕捉和栅格设置

栅格捕捉间距没有必要与栅格显示间距相匹配。例如，可设置较宽的栅格显示间距用作参考，但使用较小的栅格捕捉间距可以保证定位点时的精确性。

8.1.2　正交

AutoCAD 提供了与绘图人员的丁字尺类似的绘图和编辑工具。创建或移动对象时，使用"正交模式"可将光标限制在水平或垂直轴上。

正交对齐方向取决于当前的捕捉角度或栅格捕捉类型(矩形捕捉、等轴测捕捉)的设置。

单击状态栏上的"正交模式"标签┗或按 F8 键可切换"正交模式"的开和关。

使用正交模式不仅可以建立垂直和水平对齐，还可以创建某个图形对象的平行偏移。因此，通过施加正交约束，可以提高绘图速度。

正交模式下，在命令行输入坐标值或指定的对象捕捉将替代正交模式。

8.1.3　对象捕捉与对象追踪

对象捕捉是 AutoCAD 中最为重要的工具之一，使用对象捕捉可以精确定位输入点。用户在绘图编辑过程中直接利用光标来准确地确定目标点，如圆心、端点、垂足等。

单击状态栏"对象捕捉"标签□或按 F3 键来切换"对象捕捉模式"的开和关。

按如下方式设置对象捕捉模式下的捕捉目标：

(1)按 Shift 键的同时单击右键，弹出快捷菜单，设置临时捕捉目标。

(2)在"草图设置"对话框中，选择"对象捕捉"标签(图 8-3)，设置自动捕捉的捕捉目标，系统将自动判断符合捕捉设置的目标点并显示捕捉标记。

单击状态栏的"对象追踪"标签◢或按 F11 键可切换"对象追踪模式"的开和关。

"对象追踪"应与"对象捕捉"配合使用。执行绘图或编辑命令时，光标在对象捕捉点上暂停可从该点追踪，当移动光标时会显示追踪矢量，在该点再次暂停可停止追踪。

图 8-3　对象捕捉设置

8.1.4　极轴追踪

创建或修改对象时，可使用由"极轴追踪"的极轴增量角所定义的极轴矢量辅助绘图。单击状态栏的"极轴追踪"标签或按 F10 键来切换"极轴追踪模式"的开和关。在"草图设置"对话框中，选择"极轴追踪"标签(图 8-4)，可设置极轴的增量角。

图 8-4　极轴追踪设置

如果设置了 45° 极轴增量角，当光标跨过 0°、45°、90° 等 45° 的倍数角时，AutoCAD 将显示极轴矢量和动态极轴角提示。当光标从该角度移开时，极轴矢量和消失。

系统默认极轴增量角为 90° 时，将"交点"或"外观交点"的对象捕捉、"极轴"和"对象捕捉追踪"一起打开，可以方便快速地绘制工程图样。

正交模式将光标限制在正交轴上。而极轴追踪将光标对齐极轴增量角。因此不能同时打开"正交模式"和"极轴追踪模式"。"正交模式"打开时系统会自动关闭"极轴追踪模式"。打开"极轴追踪模式"，系统将关闭"正交模式"。

8.2　AutoCAD 注释

文字注释、尺寸标注和精确的图形一起表达完整的设计思想。

　　工程 AutoCAD"常用"选项卡的"注释"功能面板(图 8-5),提供了多种文字注释和尺寸标注的工具。

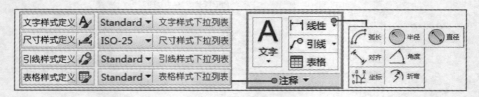

图 8-5　"注释"功能面板

8.2.1　文字注释

　　文字是工程图中不可缺少的一部分,如尺寸标注里的文字、技术要求、填写明细表和标题栏等。

　　AutoCAD 2012 提供了很强的文字处理功能。但并没有直接提供符合《机械制图》国家标准的工程制图字体。因此要设置符合国标的文字样式,分别设置书写汉字的"国标汉字"和书写字母、数字的"国标字母"文字样式。

　　具体操作的简要步骤为:

　　(1)打开"文字样式"对话框。

　　【常用】选项→"注释"面板→"注释"下拉菜单→"文字样式"　，系统打开"文字样式"对话框。

　　(2)单击【新建...】→在文本框中键入"国标汉字"→【确定】。

　　(3)将字体设置为"仿宋",宽度因子设置为 0.67。

　　(4)再新建一个名为"国标字母"的文字样式,字体设置为"italic.shx",宽度因子设置为 0.67。

　　文字样式定义结果如图 8-6 所示。

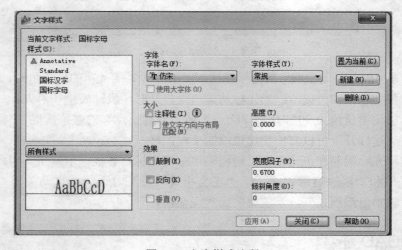

图 8-6　文字样式注释

8.2.2　尺寸标注

AutoCAD 提供了众多的尺寸标注命令，使用户可以对线性尺寸、半径、直径等进行标注。在进行工程图的尺寸标注时，标注样式应符合我国《机械制图》的国家标准。

标注时一般应遵守如下五个规则：

(1) 为尺寸标注创建一个独立的图层，使之与机械图中的其他信息分开，便于进行各种操作。

(2) 为尺寸文本建立专门的文字样式(如 8.2.1 节中的"国标汉字" 和"国标字母")。

(3) 将尺寸单位设置为所希望的计量单位，并将精度取到所希望的最小单位。

(4) 利用"尺寸样式"对话框，调整尺寸整体比例因子。

(5) 充分利用对象捕捉方式，以便快捷拾取定义点。

设置符合我国机械制图国家标准的标注样式。

系统默认的标注样式为 ISO-25，为符合我国《机械制图》国家标准一般需对默认标注 ISO-25 作如下修改。

(1) 将默认标注样式 ISO-25 的文字样式设置为"国标字母"。

【常用】选项→"注释"面板→"注释"下拉菜单→"标注样式" ，系统打开"标注样式管理器"对话框，见图 8-7。

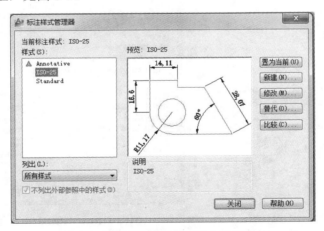

图 8-7　"标注样式管理器"对话框

在"样式"列表中选中 ISO-25，然后单击【修改】。系统打开"修改标注样式"对话框，在"文字"标签页，将"国标字母"(italic.shx，宽度比例 0.67)设为当前尺寸标注的文字样式，见图 8-8。单击【确定】。

(2) 在默认样式 ISO-25 中新建一个直径标注方式("ISO-25：直径")。

在图 8-7 所示"标注样式管理器"对话框中，在"样式"列表中选中 ISO-25，然后单击【新建】，系统打开"创建新标注样式"对话框，见图 8-9。

选"基础样式"为"ISO-25"，在"用于"下拉列表中选"直径标注"，单击【继续】，系统打开"新建标注样式：ISO-25：直径"对话框。打开"调整"标签页，单击"文字和箭头"单选项，选中"手动放置文字"复选项，见图 8-10，单击【确定】。

图 8-8　标注样式 ISO-25 的国标字体设置

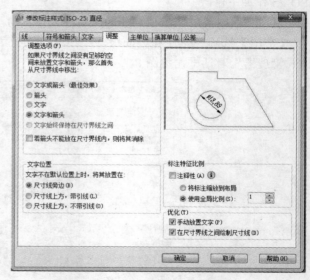

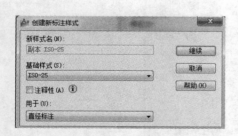

图 8-9　"创建新标注样式"对话框　　　　图 8-10　"ISO-25：直径"设置

（3）在默认样式 ISO-25 中新建一个角度标注方式（"ISO-25:角度"）。

创建方法同前述类似。在"创建新标注样式：ISO-25:角度"对话框中，选"基础样式"为"ISO-25"，在"用于"下拉列表中选"角度标注"。在"文字"标签页，文字对齐方式选择"水平"单选项。单击【确定】。

（4）新建一个带前缀"ϕ"的标注样式。

在机械图上，直径尺寸经常是标注在矩形视图上的，现设置一个带前缀"ϕ"的标注样式。

在"标注样式管理器"对话框中（图 8-7），在"样式"列表中选择 ISO-25，然后单击【新建】，系统打开"创建新标注样式"对话框（图 8-9），新样式名设为"线性直径标注"，选择"基础样式"为"ISO-25"，在"用于"下拉列表中选择"所有标注"，单击【继续】，系统返回"新建标注样式：线性直径标注"对话框。打开"主单位"标签页，在"前缀"文本框中输入"%%c"，单击【确定】。

图 8-11 所示为对默认标注样式 ISO-25 修改前后的尺寸标注比较。

8.2.3　形位公差

形位公差在机械图中极为重要，它对加工、装配有着重要的意义。如果形位公差不准确，则装配件不能正确装配。

"注释"→"标注"面板→"标注"下拉菜单→"形位公差"⊞1，系统打开"形位公差"对话框，见图 8-12。

在"形位公差"对话框中，用户可通过如下方法设置公差符号和输入公差值。

(1) 单击"符号"列第一列■框，系统将打开图 8-13 所示的"特征符号"对话框，从中选择公差符号。

(2) 单击"公差 1"列前面的■，插入直径符号。

(3) 在"公差 1"列中间的文本框中输入公差值。

(4) 单击"公差 1"列后面的■（"包容条件"按钮）添加包容条件。

按照添加第一个公差值的方法还可添加第二个公差值。

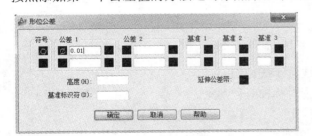

图 8-12　"形位公差"对话框

图 8-13　选择公差符号

8.3　AutoCAD 参数化绘图

AutoCAD 提供的参数化绘图技术，就是在绘制工程图样时，根据设计要求在所绘制的图样上添加工程约束。AutoCAD 提供的工程约束有两种：一种是几何约束可以限定几何图形的形状，另一种是尺寸约束可以限定几何图形的大小。在几何图形上添加了几何约束或尺寸约束，就形成了参数化图形。

几何约束可将几何对象按约束关系关联在一起，其中的固定约束可将重要几何特征与基于世界坐标系的固定位置相关联。使得用户在对设计进行更改时无需重新定位几何图形。

"参数化"→"几何约束"面板，如图 8-14 所示。

标注约束会使几何对象之间保持指定的距离和角度。

"参数化"→"标注约束"面板，如图 8-15 所示。

图 8-14 "几何约束"面板

图 8-15 "标注约束"面板

图 8-16(a)所表示的是一个几何图形，图 8-16(b)和(c)分别在该几何图形上添加了几何约束和尺寸约束。

(1)固定约束：③圆(圆心)固定。

(2)水平约束：①线水平约束。

(3)垂直约束：⑦和①线垂直约束。

(4)重合约束：①线和⑦线分别和③圆的圆心重合；②线的两个端点分别和⑥线和④线的端点重合；⑤线的两个端点分别和⑥线和④线的端点重合。

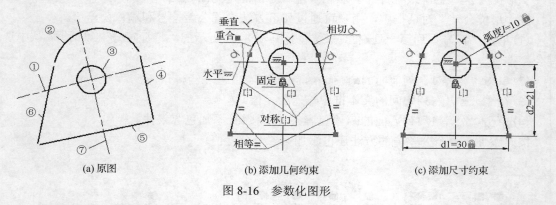

(a) 原图　　　　　　(b) 添加几何约束　　　　　　(c) 添加尺寸约束

图 8-16　参数化图形

(5)相切约束：②圆弧线分别与⑥线、④线相切。

(6)对称约束：④线和⑥线以⑦线为对称轴对称约束。

(7)相等约束：④线和⑥线是相等约束。

应用约束时选择两个对象的顺序十分重要。通常，所选的第二个对象会根据第一个对象进行调整。

如图 8-16 中，先将③圆固定约束，①线水平约束；添加①线和⑦线分别和③圆的圆心重合约束时，第一对象要先选择圆(圆心)，第二对象选择直线(中点)，直线移动到直线中点与圆心重合的位置，选择的第二个对象将调整为垂直于第一个对象。添加⑦和①线垂直约束时，第一对象选①线，第二对象选⑦线，以①线为基准，⑦线调整到与①线垂直的方向。

8.4　本章实例练习

练习 1　绘制如图 8-17 所示的图案。

step1　以任意半径画外圆，见图 8-18。

step2　用直线命令、捕捉圆的四个象限点画正方形，见图 8-19。

图 8-17 图案

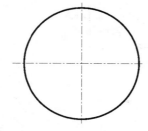

图 8-18 绘制圆

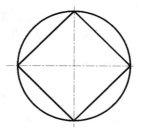

图 8-19 绘制正方形

step3 在圆的水平直径上排放四个等距圆。

（1）以醒目的颜色绘制一根辅助线（圆的水平直径）。

（2）以设置点的样式。命令调用方式：

【常用】选项→"实用工具"面板→"实用工具"下拉面板→点样式。

（3）以将辅助线四等分。命令调用方式：

【常用】选项→"绘图"面板→定数等分

系统提示：

> 选择要定数等分的对象: 选水平直径辅助线。
> 输入线段数目或 [块(B)]: 4↙

系统在各等分点上放置一点标记，删除水平直径辅助线，绘制结果见图 8-20。

step4 使用两点画圆法绘制第一个等分圆，绘制结果见图 8-21。

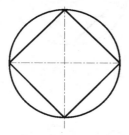

图 8-20 绘制等分点

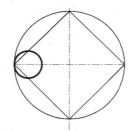

图 8-21 绘制等分圆

单击画圆图标，系统提示：

> 指定圆的圆心或 [三点(3P)/两点(2P)/相切、相切、半径(T)]: 2p↙
> 指定圆直径的第一个端点: 捕捉大圆的左象限点。
> 指定圆直径的第二个端点: 调用捕捉点标记，捕捉第一个等分点处的点标记。

step5 多重复制等分圆。

单击复制图标，系统提示：

> 选择对象: 选择第一个等分圆。
> 选择对象: ↙
> 指定基点或位移，或者 [重复(M)]: m↙
> 指定基点: 捕捉第一个等分圆的左象限点。
> 指定位移的第二点或: 捕捉第一个等分点标记。
> 指定位移的第二点或: 捕捉大圆圆心。

指定位移的第二点或: 捕捉第三个等分点标记。

指定位移的第二点或: 捕捉第二个等分圆圆心。

复制结果见图 8-22。

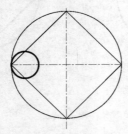
　　　　　　　　　　　　　　　　　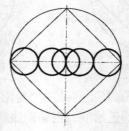

图 8-22　复制四个小圆　　　　　　　　　　图 8-23　修剪小圆

step6　删除点标记，并按图 8-23 所示修剪四个等分圆。

step7　再绘制两个圆，见图 8-24。

step8　按图 8-25 所示修剪这两个圆和正方形。

step9　保存该图形。

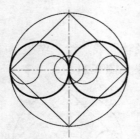
　　　　　　　　　　　　　　　　　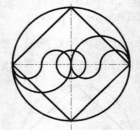

图 8-24　绘制两个圆　　　　　　　　　　图 8-25　最后结果

step10　绘制如图 8-26 所示的图案。

图 8-26　图案设计

练习 2　绘制如图 8-27 所示的带槽导向板。

step1　以"my_a4_v.dwt"为样板建立新的图形文件。

step2　绘制如图 8-28 所示的各条定位基准线。

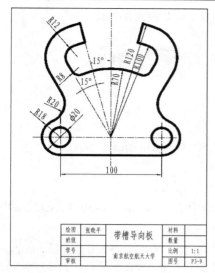

图 8-27　带槽导向板草图

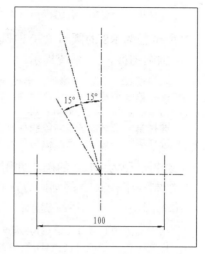

图 8-28　绘制基准体

（1）打开"极轴""对象捕捉""对象追踪"，极轴增量角设为 15°。

（2）绘制两条长的水平和垂直中心线。

（3）用偏移图标🖰绘制两条短的垂直中心线。

绘制两条倾斜中心线时，先捕捉交点作为直线的起始点，然后移动光标，待出现追踪矢量且动态输入提示极轴角为 105° 和 120° 时，拾取直线终点。

step3　绘制如图 8-29 所示的图形。

（1）以"圆心、半径"方式绘制 ϕ20、R18、R70 和 R100 四个圆。

（2）用打断图标🖿删除 R70 和 R100 的一部分圆弧。注意第一断点和第二断点的次序，AutoCAD 删除从第一断点到第二断点的逆时针转角的圆弧。

step4　绘制如图 8-30 所示的图形。

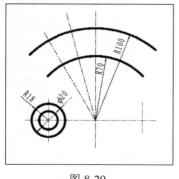

图 8-29

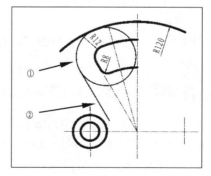

图 8-30

（1）用半径为 R12 的圆对 R100 的圆弧和极轴角为 120° 的倾斜中心线倒圆角。

单击倒圆图标⌐，系统提示：

　　当前模式: 模式 = 修剪，半径 = 10.0000

　　选择第一个对象或 [多段线(P)/半径(R)/修剪(T)]:　r✓

　　指定圆角半径<10.0000>: 12✓

　　　　选择第一个对象或 [多段线(P)/半径(R)/修剪(T)]: 点选半径为 R120 的圆弧
　　　　选择第二个对象: 点选极轴角为 120° 的倾斜中心线

(2)用半径为 R8 的圆对 R70 的圆弧和极轴角为 120° 的倾斜中心线倒圆角。

单击倒圆图标，系统提示:

　　　　当前模式: 模式 = 修剪，半径 = 12.0000
　　　　选择第一个对象或 [多段线(P)/半径(R)/修剪(T)]: ____r↙
　　　　指定圆角半径<12.0000>: 8↙
　　　　选择第一个对象或 [多段线(P)/半径(R)/修剪(T)]: 点选半径为 R70 的圆弧
　　　　选择第二个对象: 点选极轴角为 120° 的倾斜中心线

(3)绘制半径为 R120 的圆，并用打断图标删除部分圆弧。

(4)绘制与半径 R12 的圆同心，并与半径 R120 的圆相切的圆，如图 8-30 所示①处的圆。

单击画圆图标，系统提示:

　　　　指定圆的圆心或 [三点(3P)/两点(2P)/相切、相切、半径(T)]: 捕捉半径为 R12 的圆的圆心。
　　　　指定圆的半径或 [直径(D)] <123>: 选取对象捕捉工具栏的切点捕捉图标，光标移至半径为
R120 的圆弧的相应位置拾取一点。

(5)绘制与所作圆相切，并与极轴角 120° 的倾斜中心线平行的直线，如图 8-30 所示
　　②处的直线。

用通过点方式和捕捉切点让偏移线与图 8-30 所示①处的圆相切。

单击偏移图标，系统提示:

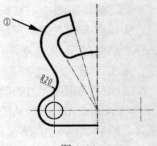

　　　　指定偏移距离或 [通过(T)] <1.0000>: t↙
　　　　选择要偏移的对象或<退出>: 选极轴为 120° 的倾斜中心线。
　　　　指定通过点: 捕捉①处圆的切点。
　　　　选择要偏移的对象或<退出>: ↙

step5　绘制如图 8-31 所示的图形。

(1)修剪图 8-31 所示①处的大圆角。

(2)绘制半径为 R20 的倒圆角。

(3)绘制底边水平线。

图 8-31

step6　用镜像图标镜像左半边图形，得带槽导向板的最终图形，见图 8-27。

step7　保存图形(带槽导向板.dwg)。

练习3　绘制如图 8-32 所示的托架的三视图。

step1　新建图形文件 "托架 ISO.dwg"。

step2　打开 "极轴追踪" "对象捕捉" 和 "对象追踪" 模式。

　　　　在状态栏的标签上单击鼠标右键，在快捷菜单中选择 "设置..."，系统打开 "草图设
　　　　置" 对话框。

　　　　在 "捕捉和栅格" 标签页，启动右下方的 "极轴捕捉"。

　　　　在 "极轴追逐" 标签页，选中 "启用极轴追逐"，极轴增量角设为 45°，单选 "仅正交
　　　　追踪"，其余为系统默认值。

　　　　在 "对象捕捉" 标签页，选中 "启用对象捕捉" 和 "启用对象捕捉追踪"，"对象捕捉
　　　　模式" 补充选中 "象限点" 和 "切点"。

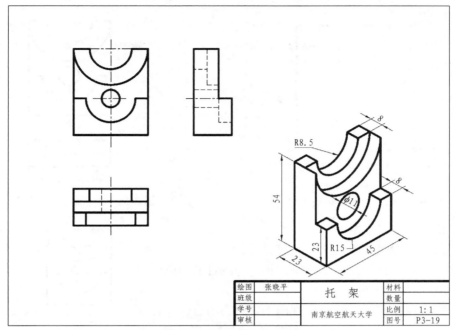

图 8-32　托架的三视图与轴测图

step3　绘制三视图。

三视图的投影规律为"主、俯视图长对正，主、左视图高平齐，俯、左视图宽相等"。利用系统的"极轴追踪""对象捕捉""对象捕捉追踪"模式的功能，可精确灵活地绘制满足"长对正，高平齐"的图形对象，而"俯、左视图宽相等"则需先绘制一条 45°的辅助线来帮助绘图。

绘制三视图主要涉及以下操作技巧。

(1) 绘制定长直线。

当系统提示"指定直线下一点："时，一般情况应输入直线下一点的 X、Y 坐标，但当所绘制的直线与显示的极轴矢量对齐时，直接输入直线长度值即可。利用此绘制技术可快速绘制水平线、垂直线及其他与极轴增量角的倍角矢量对齐的定长直线。

(2) 用直线命令快速绘制首尾准确相接的矩形。

单击绘制直线的图标，使用极轴追踪功能可快速绘制矩形的上边线和右边线。因为矩形下边线的左端点的 X 坐标应和矩形的上边线左端点的 X 坐标相等，所以，当系统要求指定下边线左端点时，光标移至上边线的左端点暂停，然后向下移动鼠标，实现对象追踪上边线左端点的 X 坐标，见图 8-33。

(3) "主、俯视图长对正，主、左视图高平齐"。

当绘制或编辑图形对象时，若要对齐某一点的坐标，先保证"极轴""对象捕捉"和"对象捕捉追踪"处于打开状态，然后移动鼠标至该点暂停（"对象捕捉"精确捕捉到该点），然后向下移动鼠标，"对象追踪"将显示对齐 X 坐标的正交追踪矢量——垂直矢量，将实现"主、俯视图长对正"，见图 8-34。

若向右移动鼠标，"对象追踪"将显示对齐 Y 坐标的正交追踪矢量——水平矢量，将实现"主、左视图高平齐"。

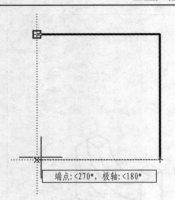

图 8-33　绘制首尾相接的矩形

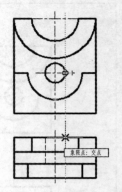

图 8-34　主、俯视图"长对正"

（4）"俯、左视图宽相等"。

在屏幕适当位置绘制一条 45° 的辅助线。

单击"特性"面板的颜色控件，选择一种醒目的颜色作为辅助线的显式颜色。

单击绘制直线的图标，捕捉俯视图上须对齐的点作为直线起始点，向右移动鼠标，系统将显示对象追踪矢量，当出现该矢量与 45° 的辅助线的交点标记时单击。在左视图，可捕捉该交点，并向上移动鼠标实现"俯、左视图宽相等"的对象追踪，见图 8-35。

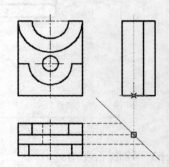

图 8-35　"俯、左视图宽相等"

step4　完成托架的三视图绘制，并填写标题栏，如图 8-32 所示。

step5　以"托架.dwg"保存该图形。

练习 4　绘制轴承座的三视图，见图 8-36。

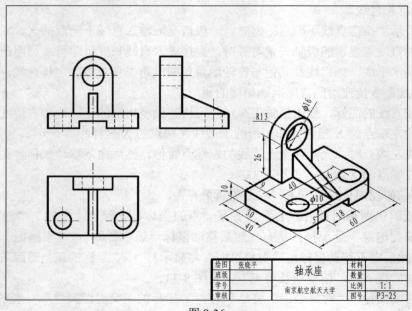

图 8-36

练习 5 绘制如图 8-37 所示的轴类零件。

step1 选"my_a3_h.dwt"样板文件创建一副新图。

step2 设置绘图环境。

（1）设置新图层。

在"图层特性管理器"对话框中，根据零件图上的线型与标注，建立 6 个图层（图 8-38）。

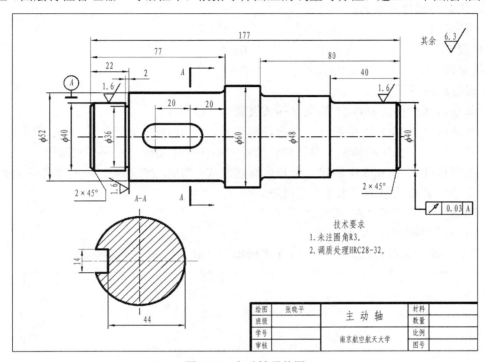

图 8-37 主动轴零件图

图 8-38 图层设置

（2）设置线型比例。

选取"线型控件"列表中的"其他…"选项，在系统打开的"线型管理器"对话框中，将"全局比例因子"设为 0.2。

（3）设置文字样式。

【常用】选项→"注释"面板→"注释"下拉菜单→"文字样式" ，系统打开"文字样式"对话框。新建两个文字样式见图 8-39。

图 8-39 "文字样式"对话框

其样式名与属性分别为：

文字样式名	字体名	宽度比例
国标汉字	仿宋体	0.67
国标字母	italic.shx	0.67

（4）设置标注样式。

① 将默认标注样式 ISO-25 的文字样式设置为"国标字母"。

② 在默认样式 ISO-25 中新建一个直径标注方式（"ISO-25:直径"），打开"调整"标签页，单击"文字和箭头"单选项，选中"标注时手动放置文字"复选项。

③ 在默认样式 ISO-25 中新建一个角度标注方式（"ISO-25:角度"），在"文字"标签页，文字对齐方式单击"水平"单选项。

④ 新建一个带前缀"ϕ"的标注样式。

step3　绘制绘图基准线，见图 8-40。

将"中心线"层设为当前图层，打开"极轴""对象捕捉""对象追踪"。

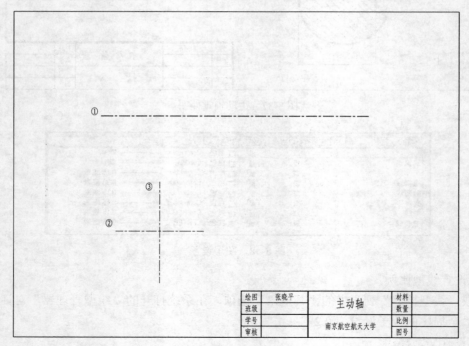

图 8-40

（5）画水平轴线。

单击直线图标，系统提示：

指定第一点: 单击鼠标左键在屏幕指定①点。鼠标右移，显示水平追踪矢量。

指定下一点或 [放弃(U)]: 200✓

指定下一点或 [放弃(U)]: ✓

(6)画键槽剖面的中心线。

单击直线图标✐，系统提示：

指定第一点: 指定②点。鼠标右移，显示水平追踪矢量。

指定下一点或 [放弃(U)]: 70✓

指定下一点或 [放弃(U)]: ✓

命令: ✓

命令: _line 指定第一点: 指定③点。鼠标下移，显示垂直追踪矢量。

指定下一点或 [放弃(U)]: 70✓

指定下一点或 [放弃(U)]: ✓

step4　绘制轴的主视图的上半个轮廓线，见图 8-41。

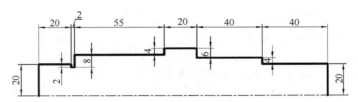

图 8-41　绘制轮廓线

将"粗实线"层设为当前图层。"极轴""对象捕捉""对象追踪"为打开状态。调用画直线命令后，沿直线绘制方向移动鼠标，待系统显示追踪矢量时，键入该段直线的长度。以下是从轴的上半个轮廓线的左端点逐段绘制到右端点的操作过程。

单击直线图标✐，系统提示：

指定第一点: 捕捉水平轴线的左端点。然后，鼠标上移，显示垂直追踪矢量。

指定下一点或 [放弃(U)]: 20✓然后，鼠标右移，显示水平追踪矢量。

指定下一点或 [放弃(U)]: 20✓然后，鼠标下移，显示垂直追踪矢量。

指定下一点或 [闭合(C)/放弃(U)]: 2✓然后，鼠标右移，显示水平追踪矢量。

指定下一点或 [闭合(C)/放弃(U)]: 2✓然后，鼠标上移，显示垂直追踪矢量。以后，依次类推。

指定下一点或 [闭合(C)/放弃(U)]: 8✓然后，向上画。

指定下一点或 [闭合(C)/放弃(U)]: 55✓然后，向上画。

指定下一点或 [闭合(C)/放弃(U)]: 4✓然后，向右画。

指定下一点或 [闭合(C)/放弃(U)]: 20✓然后，向下画。

指定下一点或 [闭合(C)/放弃(U)]: 6✓然后，向右画。

指定下一点或 [闭合(C)/放弃(U)]: 40✓然后，向下画。

指定下一点或 [闭合(C)/放弃(U)]: 4✓然后，向右画。

指定下一点或 [闭合(C)/放弃(U)]: 40✓然后，向下画。

指定下一点或 [闭合(C)/放弃(U)]: 20✓

指定下一点或 [闭合(C)/放弃(U)]: ✓

step5　垂直镜像轴的上半个轮廓线的所有水平线，见图 8-42。

单击镜像图标▲，系统提示：

　　　　选择对象: 建立选择集(选择轴的上半个轮廓线的所有水平线)。

　　　　总计 6 个

　　　　选择对象: ∠

　　　　指定镜像线的第一点: 捕捉水平轴线的左端点。

　　　　指定镜像线的第二点: 捕捉水平轴线的右端点。

　　　　是否删除源对象? [是(Y)/否(N)] <N>: ∠

step6　向下延伸轴的上半个轮廓线的所有垂直线，见图 8-43。

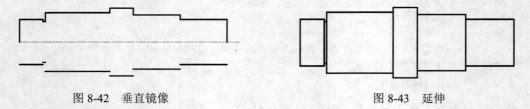

　　　　图 8-42　垂直镜像　　　　　　　　　　　　图 8-43　延伸

　　单击延伸图标━╱，系统提示:

　　　　当前设置:投影=UCS，边=延伸

　　　　选择边界的边…

　　　　选择对象:　选择轴的下半个轮廓线的所有水平线。

　　　　总计 6 个

　　　　选择对象: ∠

　　　　选择要延伸的对象: 分别选取轴的各垂直线的下端作延伸。

step7　对轴的两端作倒角，见图 8-44。

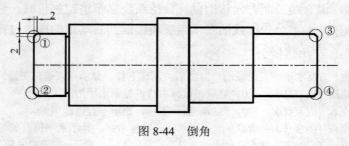

　　　　　　　　　　　　图 8-44　倒角

　　单击延伸图标╱，系统提示:

　　　　("修剪"模式) 当前倒角距离 1 = 10.0000，距离 2 = 10.0000

　　　　选择第一条直线或 [多段线(P)/距离(D)/角度(A)/修剪(T)/方法(M)]: d∠

　　　　指定第一个倒角距离<10.0000>: 2∠

　　　　指定第二个倒角距离<2.0000>: ∠

　　　　选择第一条直线或 [多段线(P)/距离(D)/角度(A)/修剪(T)/方法(M)]: 选择①处的一条直角边。

　　　　选择第二条直线:　选择①处的另一条直角边。

　　用同样方式绘制②～④处的倒角。

step8　连接倒角线，见图 8-45。

　　单击直线图标╱，利用对象捕捉，绘制①、②两处的直线。

step9　在轴肩处倒圆，见图 8-46。

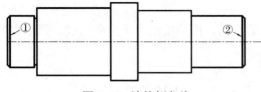
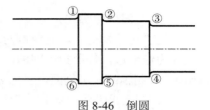

图 8-45　连接倒角线　　　　　　　　　　　　　　图 8-46　倒圆

（1）使用不修剪方式绘制倒圆。

单击直线图标，系统提示：

当前模式: 模式 = 修剪，半径 = 10.0000
选择第一个对象或 [多段线(P)/半径(R)/修剪(T)]:　r↙
指定圆角半径<10.0000>:　3↙
选择第一个对象或 [多段线(P)/半径(R)/修剪(T)]:　t↙
输入修剪模式选项 [修剪(T)/不修剪(N)] <修剪>:　n↙
选择第一个对象或 [多段线(P)/半径(R)/修剪(T)]: 选择①处的一条直角边。
选择第二个对象: 选择①处的另一条直角边。

用同样方式绘制②～⑥处的倒圆。

（2）在倒圆处分别选择六段小圆弧作为修剪边，对圆角处多余的水平线段进行修剪。

step10　绘制键槽，见图 8-47。

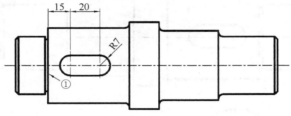

图 8-47　绘制键槽

（3）用偏移方式绘制键槽的两条垂直中心线。

单击偏移图标，系统提示：

指定偏移距离或 [通过(T)] <20.0000>: 15↙
选择要偏移的对象或<退出>: 选择①处的线。
指定点以确定偏移所在一侧: 在右侧任意位置拾取一点。
选择要偏移的对象或<退出>: ↙
命令: ↙
指定偏移距离或 [通过(T)] <20.0000>: 35↙
选择要偏移的对象或<退出>: 选择①处的线。
指定点以确定偏移所在一侧: 在右侧任意位置拾取一点。
选择要偏移的对象或<退出>: ↙

（4）将键槽的垂直中心线从"粗实线"层移至"中心线"层。

首先选中两条键槽的垂直中心线，然后在图层控件列表里选中心线图层，键槽的两根垂直中心线即被移至中心线层。

用夹点操作调整键槽的两条垂直中心线的长度。要取消夹点显示只需按 Esc 键。

（5）绘制键槽轮廓线。

使用"对象捕捉"，先绘制两端半径为 R5 的小圆，然后绘制上下两条直线，最后以直线为修剪边，修剪掉中间的两个半圆弧。

step10　绘制轴的移出剖面，见图 8-48。

（1）在图层控件将"粗实线"层设为当前层，绘制半径为 R26 的圆。

（2）利用偏移命令绘制键槽的两条宽度边和一条深度边，见图 8-49。

单击偏移图标，系统提示：

指定偏移距离或 [通过 (T)] <18.0000>:　<u>7</u>↙
选择要偏移的对象或<退出>: 选择剖面的水平中心线。
指定点以确定偏移所在一侧: 在剖面水平中心线的上方任意一点单击。
选择要偏移的对象或<退出>: 再次选择剖面的水平中心线。
指定点以确定偏移所在一侧: 在剖面水平中心线的下方任意一点单击。
选择要偏移的对象或<退出>:　↙

用同样的方法绘制键槽的深度线，此时，作距离剖面垂直中心线为 18 的左侧偏移线。

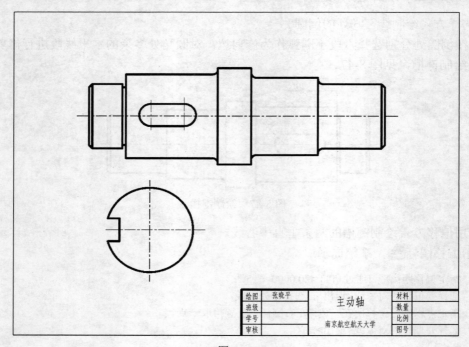

图 8-48

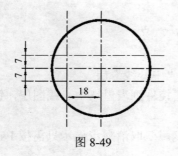

图 8-49

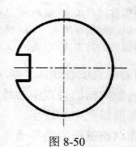

图 8-50

　　(3)修剪键槽部分，并将键槽的三条边移至粗实线层，编辑结果见图 8-50。

step11　剖面图案填充。

　　在图层控件将"剖面线"层设为当前层。

　　【常用】选项→"绘图"面板→图案填充 ，系统打开"图案填充创建"操控面板。

　　在"图案"面板选择"ANSI31"图案。选择"边界"面板的"拾取点" ，在需要填充图案的闭合区域内拾取点，在剖面被中心线划分的四个区域内分别拾取一点，见图 8-51。填充结果见图 8-52。

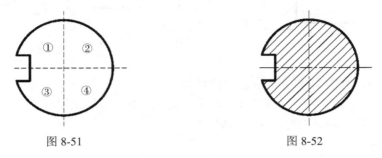

图 8-51　　　　　　　　　　　　　　　　　　　　图 8-52

step12　剖面标注，见图 8-53。

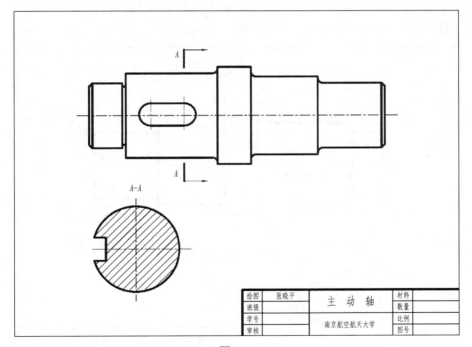

绘图	张晓平	主 动 轴	材料	
班级			数量	
学号		南京航空航天大学	比例	
审核			图号	

图 8-53

绘制表示剖切位置①处的短直线，该线应与键槽右端垂直中心线的 X 坐标对齐，见图 8-54。

打开"对象捕捉""极轴追踪"。在图层控件将"粗实线"层设为当前层，调用直线命令，先捕捉键槽右端的垂直中心线端点，然后上移鼠标，待出现极轴追踪矢量时，在合适的高度拾取一点，再以合适的长度拾取另一点。

在图层控件将"尺寸线"层设为当前层,利用引线标注,绘制表示剖面翻转方向的①处的剖切箭头,见图 8-55。

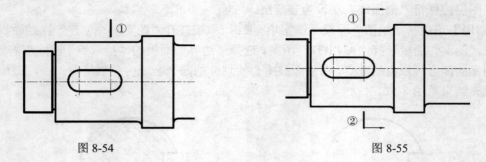

图 8-54　　　　　　　　　　　　　　　图 8-55

将绘制好的①处的短线和箭头垂直镜像到②处。

在图层控件将"文字"层设为当前层,调用文字命令,设置文字样式为"国标字母",字高 6,分别绘制剖切符号"A""A"和"A-A"。

step13　尺寸标注。

在图层控件将"尺寸线"层设为当前层,打开"对象捕捉"。

将 ISO-25 设为当前标注样式。标注轴的所有线性尺寸,见图 8-56。

调用文字和直线命令,标注倒角尺寸,见图 8-56。

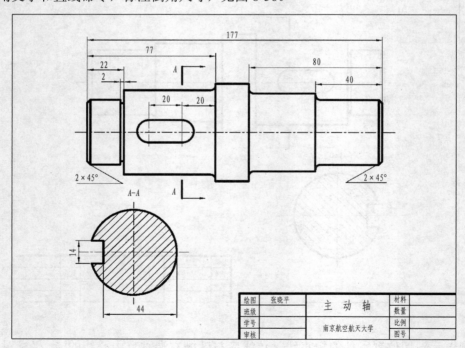

图 8-56

将"线性直径标注"设为当前标注样式。标注主视图上的所有直径尺寸,见图 8-57。

step14　标注粗糙度与形位公差,见图 8-58。

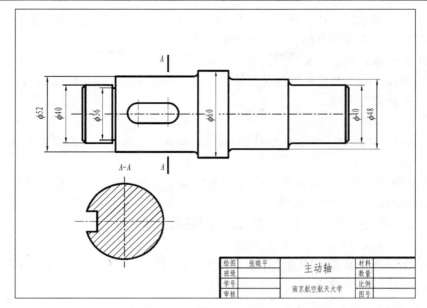

图 8-57

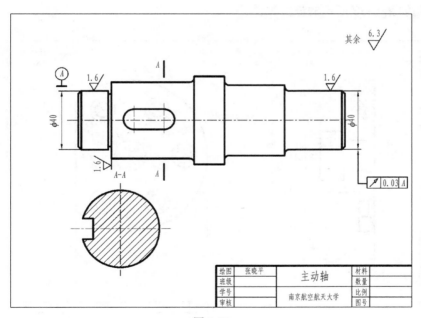

图 8-58

（1）定义粗糙度符号块。

首先绘制粗糙度符号，如图 8-59 所示。然后在【常用】选项的"块"面板选择创建块图标 ，系统打开"块定义"对话框，输入块名"ccd"，拾取粗糙度的底点作为块的基点，拾取粗糙度符号为块内容。单击【确定】。

（2）插入粗糙度符号块。

在【常用】选项的"块"面板上选择插入块图标 ，系统

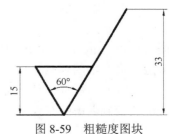

图 8-59　粗糙度图块

打开"插入"对话框，在"名称"下拉列表中选择块名"ccd"，单击【确定】。拾取要标注粗糙度的零件表面上的一点，完成粗糙度符号块的插入。

单击文字图标**A**，在粗糙度符号上标注粗糙度值。

重复相似的操作插入其他粗糙度符号块，不同的粗糙度表面粗糙度值不同，插入粗糙度符号旋转的角度也不同。

(3)形位公差标注。

【常用】选项→"注释"面板→引线图标◿，从需标注形位公差的对象上引出形位公差的标注箭头。

【注释】选项→"标注"面板→"标注"下拉菜单→"形位公差"⊞1，系统打开"形位公差"对话框。在对话框中编辑形位公差符号、形位公差值和基准等项内容，单击【确定】。将形位公差符号放到前面创建的引线标注的引线末端。

step15　填写技术要求和标题栏，见图 8-37。

单击文字图标**A**，设置字体为"国标汉字"，字号为 4 和 3.5，行间距为 1.5 倍。

用相似的方法填写标题栏。

step16　以"轴.dwg"为文件名保存图形。

练习 6　绘制如图 8-60 所示的盘类零件。

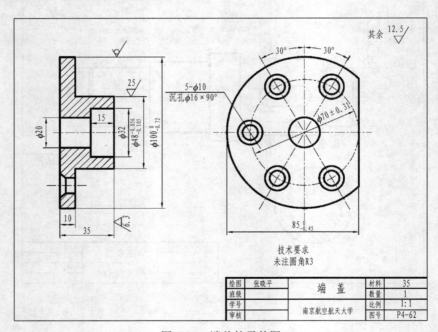

图 8-60　端盖的零件图

step1　以"my_a3_h.dwt"样板文件创建一副新图。

step2　设置绘图环境。

参照上一题对文字样式、尺寸样式和图层定义等作合适的设置。

step3　绘制端盖的左视图，见图 8-61。

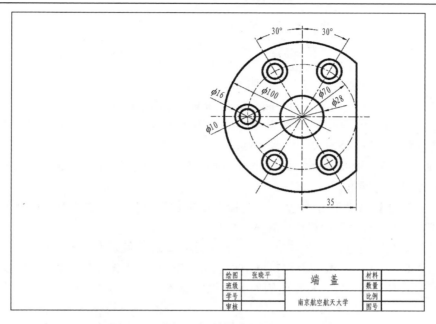

图 8-61　端盖左视图

打开"极轴""对象捕捉"，在"中心线"和"粗实线"层上绘制相应的图形对象。

沉孔的投影可先绘制左端的两个同心圆，进行环形阵列，阵列个数为 6，然后删除右端的两个同心圆。

端盖右端的切割线先用偏移中心线的方式画，然后将偏移线移至"粗实线"层。

step4　绘制端盖的主视图，见图 8-62。

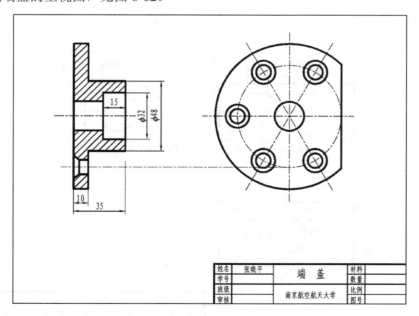

图 8-62　端盖的主视图

打开"极轴""对象捕捉"和"对象追踪"。根据"主左视图、高平齐"的规律,灵活使用"对象捕捉"和"对象追踪"模式,在相应的图层上绘制图形。

使用"极轴"模式在极轴矢量显示的方向上绘制主视图上的定长线段。

step5 标注尺寸、标注粗糙度符号,见图8-60。

标注带公差的尺寸时,公差的字高应该比基本尺寸的字高小。

例如,要标注直径为48,上偏差为–0.056,下偏差为–0.105的一个尺寸。其具体操作如下。

(1)设置用于标注带公差尺寸的尺寸样式。

【常用】选项→"注释"面板→"注释"下拉菜单→"标注样式" ◢,系统打开"标注样式管理器"对话框。

新建一个尺寸样式"直径公差"。选择"主单位"标签页,在"精度"下拉框中选择"0.00"。在"前缀"编辑框中输入"%%c"。

选择"公差"标签页,在"方式"下拉框中选择"极限偏差",在"精度"下拉框中选择"0.0000",在"上偏差"编辑框中输入–0.056,在"下偏差"编辑框中输入0.105(注意不要输入负号),在"高度比例"编辑框中输入0.6,在"垂直位置"下拉框中选择"中",单击【确定】即可。

如果标注的偏差是一个数"0",而国标规定标注时上下偏差要上下对齐,故此时标注时应在0的前边加一空格,使空格与"+"对齐。

(2)将"直径公差"设为当前标注样式,并对带公差的对象进行标注。

step6 书写技术要求和填充标题栏,见图8-37。

step7 以"端盖.dwg"为文件名保存图形。

练习7 绘制如图8-63所示的接线匣零件图(A4 297×210)。

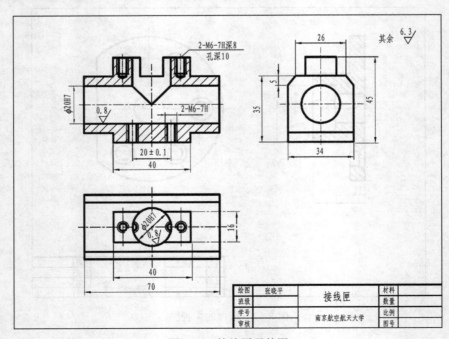

图8-63 接线匣零件图

练习 8　绘制如图 8-64 所示的齿轮零件图（A4　210×297）。

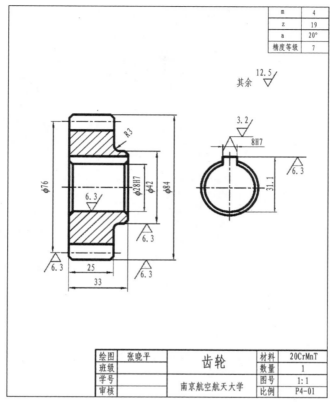

图 8-64　齿轮零件图

下篇　工业产品的计算机表达

学习本篇后，你将能够：

- ➢ 了解 Creo Parametric 图纸格式的设置
- ➢ 熟悉 Creo Parametric 工程图样的生成
- ➢ 将 Creo Parametric 模型转为 CAD 图样
- ➢ 熟悉减速器零件实例设计
- ➢ 熟悉减速器装配实例设计

第 9 章
三维模型自动生成二维图样

9.1 概述

技术人员在设计工业产品时，其表达和交流的方式一般有两种：三维数字化模型和二维工程图样。

利用 Creo Parametric 软件，采用人机交互的方式，不仅可以在计算机中生成产品的三维数字模型，还可根据产品的三维模型自动生成该产品的二维工程图样。

由 Creo Parametric 软件生成的产品二维工程图样，可以导入 AutoCAD 软件，在 AutoCAD 环境下，方便快捷地绘制出符合我国制图标准的二维工程图样。

绘制某个模型的工程图样时，首先要确定图纸格式，即图纸的图幅，绘制图框与标题栏等。然后进入 Creo Parametric 的绘图模块，根据零件或装配件的表达方案，在该图纸上由三维模型创建一组二维视图，并标注尺寸及技术要求等。

9.2 定义图纸格式

Creo Parametric 系统提供了英制和公制的默认图纸格式。也可以根据需要自定义图纸的格式，操作过程如下。

1. 进入 Creo Parametric 图纸格式模块

新建□→文件类型：格式→输入文件名："my_A3_h"→【确定】→指定模板：空→定义图纸方向：横向→定义图幅大小：A3→【确定】，见图 9-1。

图 9-1 进入图纸格式模块

2. 查看系统提供的默认线型

系统的"文字样式"和"线型"操作工具都在"格式"面板，见图 9-2。

图 9-2 "格式"面板

"布局"→"格式"→默认线造型 ，系统打开默认线型列表。

系统默认线型的几何特性如下。

Hidden（隐藏线）：浅灰色细实线

Geometry（可见线）：黑色细实线

Leader（尺寸线）：天蓝色细实线

Cut Plane（剖面线）：黑色双点画线

Phantom（假想线）：浅灰色双点画线

Centerline（中心线）：天蓝色点画线

3. 自定义粗实线线型

"草绘"→线造型 →编辑样式→【新建…】→新名称：heavy_line，线型：实线，线宽：0.3→【确定】→【关闭】。

4. 设置当前绘图线型

"草绘"→"格式"→默认线造型 →选择粗实线线型，单击 heavy_line。

5. 绘制图框

"草绘"→取偏移边 →链图元→按住 Ctrl 键，按顺时针方向选择四条边框线→输入偏移值：−5→确定 ，如图 9-3(a) 所示。

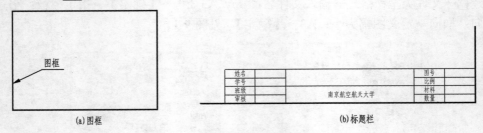

(a)图框   (b)标题栏

图 9-3 绘制图框与标题栏

6. 绘制标题栏

(1)设置当前线型为细实线 Geometry。

(2)绘制标题栏。

"表"→"表"下拉菜单→插入表… →方向： 右下角定位→列数：5，行数：4→取消选中"自动高度调节"默认框，行高：8mm，列宽：28mm→确定✔️→选择顶点为表的定位点→在屏幕上选择图框右下角→【确定】。

（3）修改标题栏单元格的列宽。

"表"→"行和列"面板→按住 Ctrl 键选择第三列的四个格子→高度和宽度→以绘图单位计的列宽：118→【确定】。

（4）合并标题栏的单元格。

按住 Ctrl 键，选中需要合并的单元格→合并单元格。

（5）定义文本样式。

"注释"→"格式"→"管理文本样式"，系统弹出"文本样式库"，选择文本样式：Default→【新建...】，系统弹出"新文本样式"对话框→样式名称：gb-c，字体：font_chinese_cn→字高：8→文字对齐：水平方向"中心"，竖直方向"中间"→【确定】→【新建...】→文字名：gb-n，字体：cg times italic→文字对齐：水平方向"中心"，竖直方向"中间"→【确定】→【关闭】。

（6）选择默认文本 gb-c。

"注释"→"格式"→"默认文本样式"，系统弹出"文本样式"菜单→选择文本样式：gb-c（国标汉字）。

（7）添加标题栏文本。

双击单元格，系统弹出"注解属性"对话框→在文本栏中输入所需要的文字→【确定】。添加文字后标题栏如图 9-3（b）所示。

（8）单击，保存图纸格式文件 my_A3_h.frm。

9.3　生成工程图样

9.3.1　设置绘图环境

在 Creo Parametric 的绘图模块下，Creo Parametric 的三维模型可以自动生成二维视图，并进行尺寸与公差的标注。

Creo Parametric 系统默认的视图投影体系是第三分角，我们国家的工程图样的制图标准规定的是第一分角，所以需要将第三分角的投影体系改为第一分角投影体系。

1. 进入绘图模块

新建→文件类型：绘图→默认文件名：drw000→【确定】→默认模型，单击【浏览...】→双击三维模型文件名→指定模板，选择"格式为空"→在"格式"下拉框中选择自定义的图纸格式：my_A3_h→【确定】。自定义的 my_A3_h 图纸已显示在屏幕上。进入 Creo Parametric 绘图模块的操作过程如图 9-4 所示。

2. 定义第一分角投影体系

"文件"→准备→绘图属性→详细信息与选项，单击【更改】→选项：projection_type→将系统默认的 third_angle 改为 first_angle，单击【添加/更改】→【确定】→【关闭】。

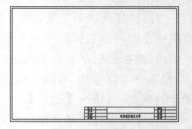

图 9-4　进入绘图模块

9.3.2　创建一组图形

Creo Parametric 和视图相关的操作工具在"布局"选项的"文档"面板和"模型视图"面板，见图 9-5。

图 9-5　"模型视图"面板

系统提供了常规视图、投影视图、辅助视图、旋转视图和详细视图共五种视图类型，基本满足了国家标准的机件表达方法中各种图样的绘制。

关闭"文档"面板上的"锁定视图移动"图标，可以通过选取并拖动视图，水平或垂直地移动视图。如果移动了投影视图或辅助视图的父视图，则投影视图和辅助视图也会跟着移动，以保持对齐。常规视图和详细视图可以自由移动到任何新位置。

如果要删除某一视图，则需要选取要删除的视图，该视图加亮显示，选择右键快捷菜单中的"删除"或按 Delete 键。

1. 视图表达

（1）主视图和轴测图。

工程图样上的主视图和轴测图采用常规视图，常规视图是独立的视图。

"布局"→常规视图→在屏幕上单击一点指定主视图放置位置→在系统打开"绘图视图"对话框中设定主视图的投影方向为"FRONT"，见图 9-6(a)→设定主视图的绘制比例，见图 9-6(b)→设定主视图的显示方式，见图 9-6(c)→【确定】。

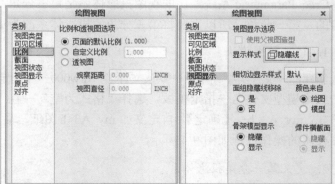

（a）视图方向　　　　　　　（b）视图比例　　　　　　　（c）视图显示方式

图 9-6　视图设置

"布局"→常规视图→在屏幕上单击一点指定轴测图放置位置→指定轴测图的投影方向：默认方向→【确定】。

生成的主视图与轴测图如图 9-7 所示。

(2)其他基本视图。

投影视图可以生成工程图样上的其他基本视图。

投影视图是某一视图(父视图)沿水平或垂直方向的正交投影。

主视图作为常规视图在图纸上确定后，将主视图作为父视图，竖直向下投影生成的投影视图是俯视图，水平向右投影生成左视图，以此类推，还可生成仰视图、右视图。选择左视图为父视图，水平向右投影可生成后视图，见图 9-8。

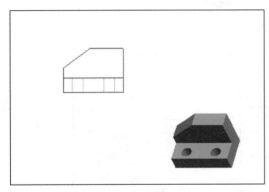

图 9-7　常规视图

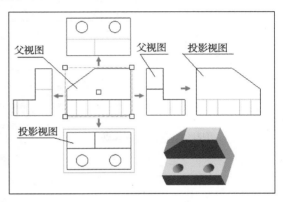

图 9-8　投影视图

"布局"→单击父视图(主视图)→投影视图<0xF0><0x9F><0x96>→在屏幕上沿水平方向向右拖动，可以得到左视图→在屏幕上单击一点指定左视图的放置位置→【确定】。

"布局"→单击左视图→投影视图<0xF0><0x9F><0x96>→在屏幕上沿水平方向向右拖动，得到后视图→在屏幕上单击一点指定后视图的放置位置→【确定】。

(3)斜视图。

辅助视图可以生成工程图样上的斜视图。可以通过选择一条边、一个基准面或一根轴线来定义辅助视图的投影方向。

"布局"→单击主视图→辅助视图◇→在主视图上选择一条倾斜的边作为参照，定义斜视图的投影方向→系统限定在投影方向上拖动辅助视图，在屏幕上单击一点指定辅助视图的放置位置→【确定】，见图 9-9。

(4)局部视图。

通过定义视图的可见区域可以生成工程图样上的局部视图。

在"绘图视图"对话框中，"视图可见性"下拉列表中的"全视图""半视图""局部视图"和"破断视图"，可指定视图的可见区域。如将图 9-9 中的俯视图改为局部视图，操作如下。

双击俯视图，系统打开"绘图视图"对话框→在"类别"编辑框中单击"可见区域"→在"视图可见性"里选择"局部视图"→在可见视图区域单击一个参考点→草绘环绕可见区域的样条，单击鼠标中键确认草绘→【确定】。

图 9-9 中的俯视图和斜视图都改成局部视图，如图 9-10 所示。

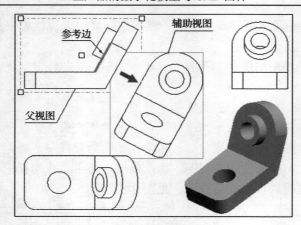

图 9-9　辅助视图

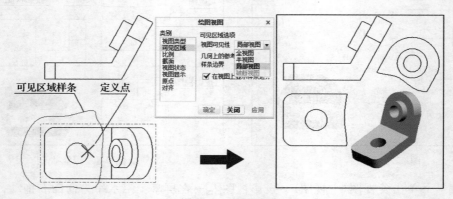

图 9-10　局部视图

2. 剖视表达

通过定义模型的 2D 截面可以生成工程图样上的剖视图。

"绘图视图"对话框中的"2D 截面"可以将视图修改为剖视图，结合视图的"剖切区域"就可以创建全剖视、半剖视、局部剖视图。

图 9-11 所示为一零件的视图表达图样。

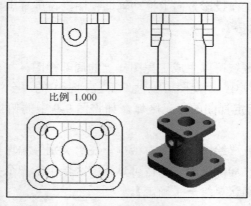

图 9-11　视图表达的零件图样

现将主视图改为半剖视图，如图 9-12 所示。

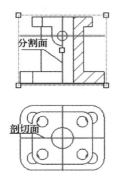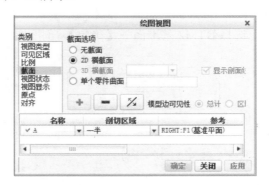

图 9-12　主视图半剖视

打开"基准平面"显示，双击主视图，系统打开"绘图视图"对话框→在"类别"编辑框中单击"截面"→单选"2D 截面"→单击"创建截面"图标→在"横截面创建"菜单，默认"平面""单一"→"完成"，在系统打开的"输入横截面名"文本框中键入截面名：A→确认→系统提示选择剖切面：在俯视图上选择 FRONT 基准面→定义 A 截面的剖切区域为"一半"→系统提示选择分割参考面，在主视图上选择 LEFT 基准面→【确定】。用相同的方法可对俯视图做半剖视，如图 9-13(a)所示。

在半剖视图中，在视图与剖视的分界处系统默认的方式是一条实线，按国家标准规定应该是一条中心线。现修改如下。

"文件"菜单→"准备"→"绘图属性"，系统打开"绘图属性"对话框→在"详细信息与选项"栏单击"更改"→函数："half_section_line"→将系统默认的"solid"改为"centerline"→【添加/更改】→【确定】→【关闭】。

继续对左视图作全剖视，结果如图 9-13(b)所示。

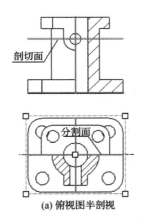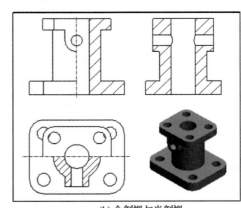

　　　　(a) 俯视图半剖视　　　　　　　　　　　(b) 全剖视与半剖视

图 9-13　剖视图表达的零件图样

3. 剖面表达

旋转视图可以生成工程图样上的剖面图。

【布局】选项→旋转视图→单击父视图（主视图）→在主视图的下方单击放置剖面图的

中心点→系统打开"绘图视图"对话框，系统提示创建新剖切面方式为"单一"→单击"完成"，在系统打开的"输入横截面名"文本框中键入截面名：A→确认☑→系统提示选择剖切面：在主视图上选择 DTM2 基准面→【确定】，剖面图如图 9-14 所示。

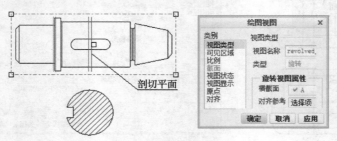

图 9-14　剖面图

继续为主视图和剖面添加轴线，操作如下。

【注释】选项→"显示模型注释"图标 📇 →系统弹出"显示模型注释"对话框→单击"显示模型基准"图标 🗓 →选中主视图，按住 Ctrl 键继续选择剖面图→单击图标 🖾，全部选中基准轴→【确定】，完成轴线的绘制，如图 9-15 所示。

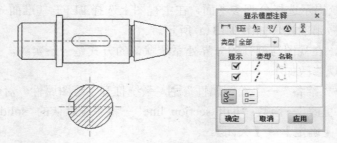

图 9-15　添加图形的轴线

4. 局部放大

详细视图可以生成工程图样上的局部放大图。

【布局】选项→单击父视图（主视图）→详细视图 🔍 →在主视图上单击要放大区域的中心点→草绘环绕放大区域的样条，单击鼠标中键确认草绘→单击放置详细视图的位置。完成详细视图的创建，如图 9-16 所示。

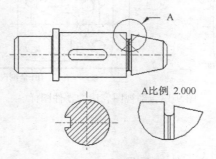

A比例 2.000

图 9-16　详细视图

9.3.3　标注尺寸

Creo Parametric 与尺寸标注有关的命令主要集中在"注释"面板，见图 9-17。

图 9-17　"注释"面板上的尺寸标注图标

1.　自动标注尺寸

在零件模块下创建生成三维模型时，模型已经带有完整的尺寸、基准等特征。在绘图模块下，由该模型自动生成一组视图以后，见图 9-18(a)，也可以自动生成基准和尺寸等。

(1) 自动生成基准轴。

【注释】选项→"注释"面板→"显示模型注释"图标，系统打开"显示模型注释"对话框→单击"显示模型基准"图标→选中主视图，按住 Ctrl 键继续选择俯视图→单击图标，全部选中基准轴→【确定】，完成轴线的绘制。如图 9-18(b) 所示。

(2) 自动生成尺寸。

【注释】选项→"注释"面板→"显示模型注释"图标，系统打开"显示模型注释"对话框→单击"尺寸"图标→选中主视图，按住 Ctrl 键继续选择俯视图→单击图标，全部选中尺寸→【确定】。

(3) 调整尺寸。

在【布局】选项，关闭"锁定视图移动"图标，先调整主、俯视图的位置，选中不需要的尺寸，右键快捷菜单"删除"，或者按 Del 键；选中需要移动位置的尺寸，拖动鼠标可移动尺寸线或者尺寸文本。调整后如图 9-18(c) 所示。

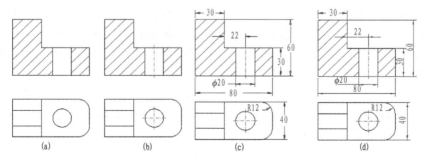

图 9-18　由模型自动生成轴线和尺寸

2.　修改尺寸样式

图 9-18(c) 所示的尺寸标注样式是系统默认的，为了标注出符合国家标准规定的尺寸样式，需对系统默认的与尺寸标注有关的函数值进行修改。

"文件"菜单→"准备"→"绘图属性"，系统打开"绘图属性"对话框→在"详细信息与选项"栏单击"更改"→系统打开"选项"对话框。需更改以下函数的函数值：

函数名　　　　　　　　　　　　　　新函数值

default_lindim_text_orientation　　parallel_to_and_above_leader

arrow_style　　　　　　　　　　　filled

修改后的尺寸标注样式如图 9-18(d)所示。

3. 手动标注尺寸

也可以通过手动方式对 Creo Parametric 的工程图样进行尺寸标注。

在选择需标注尺寸的图元时，标注直线长度直接选择直线；标注圆弧半径单击一次圆弧；标注圆的直径需单击两次圆弧；标注点到点和点到线的距离，及线到线的距离或者角度时，需选择两个图元。

【注释】选项→"注释"面板→"尺寸"图标 ⊢⊣，系统弹出"依附类型"菜单管理器，依附类型可以选择"图元上、在曲线上、中点、中心及求交等类型"→选择"图元上"→选择需标注尺寸的图元→在放置尺寸的位置单击鼠标中键，即完成驱动尺寸的创建，见图 9-19(a)。

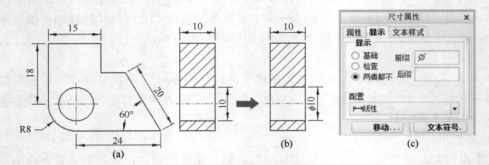

图 9-19　手动标注尺寸

在工程图样上，经常要将圆柱或圆孔的直径尺寸标注在该圆柱或圆孔的矩形视图上，如图 9-19(a)中的圆孔直径需要标注在左视图上，系统直接标注的是线性尺寸。利用"尺寸属性"对话框，编辑该线性尺寸的文本，在尺寸文本前加入前缀"ϕ"即可。

双击需要编辑的尺寸→系统打开如图 9-19(c)所示的"尺寸属性"对话框，可以对尺寸精度、尺寸显示及尺寸文本等各种尺寸属性进行编辑。

单击"尺寸属性"对话框的"显示"标签→在"前缀"文本框中输入"ϕ"（可单击【文本符号】按钮，系统打开"文本符号"面板，单击符号"ϕ"即可），结果如图 9-19(b)所示。

4. 标注尺寸公差

标注尺寸公差，要修改一个系统函数值，修改"tol_display"值为"yes"。

利用"尺寸属性"对话框，编辑需要标注公差的尺寸文本，可以给该尺寸加上公差。

双击图 9-19(a)中要标注公差的尺寸 15→系统弹出"尺寸属性"对话框，如图 9-20(a)所示→在"公差模式"下拉菜单中选取"正—负"→在"上公差"文本框中输入"+0.003"，在"下公差"文本框中输入"+0.017"，取消"小数位数"中"默认"复选框，在"默认"右侧文本框中输入 3。结果如图 9-20(b)所示。

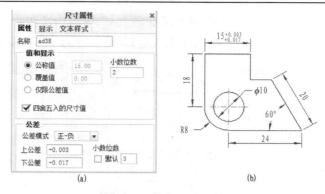

图 9-20　标注尺寸公差

9.3.4　标注几何公差

几何公差主要用来标注工程图样上的形状和位置公差。Creo Parametric 与几何公差标注有关的命令主要集中在"注释"面板，见图 9-21。

图 9-21　"注释"面板上的几何公差标注图标

1. 标注形状公差

【注释】选项→"注释"面板→"几何公差"图标，系统弹出"几何公差"对话框，如图 9-22 所示。

图 9-22　"几何公差"对话框

单击"平面度公差"符号→单击【选择图元】，选择目标平面，如图 9-23（a）所示。放置类型选择"法向引线"→当系统弹出"引线类型"菜单，默认"自动"选项→选择引线箭头所指的边，如图 9-23（b）所示→"完成"→在屏幕上单击一点放置几何公差，如图 9-23（c）所示→打开"公差值"选项卡→在"总公差"文本框中键入公差值→【确定】。

2. 标注位置公差

标注位置公差必须在模型中创建新的基准平面或新的基准轴。

【注释】选项→"注释"面板→"模型基准平面"图标，系统弹出"基准"对话框，如图 9-24(a)所示→在"名称"文本框中键入基准名"A"→单击【在曲面上】→选择欲新建的基准面→显示：按钮→放置：在基准上→【确定】。新创建的基准如图 9-24(b)所示。

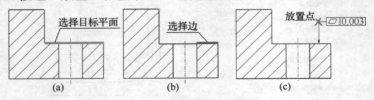

图 9-23　"平面度"公差标注

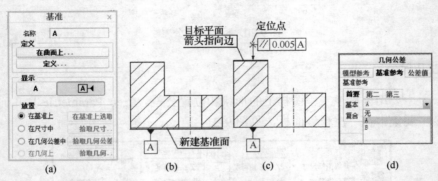

图 9-24　"平行度"公差标注

【注释】选项→"注释"面板→"几何公差"图标 🅳 1M，系统弹出"几何公差"对话框→单击"平行度公差"符号→类型：曲面→【选择图元】，选择目标平面，如图 9-24(c)所示→放置类型：法向引线→引线类型：自动→选择引线箭头所指的边，如图 9-24(c)所示→"完成"→在屏幕上单击一点放置几何公差，如图 9-24(c)所示→打开"基准参考"选项卡→在"基本"下拉框选择新建的基准面"A"，如图 9-24(d)所示→打开"公差值"选项卡→在"总公差"文本框中键入公差值→【确定】。

3. 标注表面粗糙度

在 Creo Parametric 的符号文件夹(\symbols\surffins)下放置了表面粗糙度符号文件，在标注表面粗糙度时要先将其调入内存。

(1)调入粗糙度符号。

【注释】选项→"表面粗糙度"图标 ✅→系统弹出"符号"菜单管理器，单击"检索"→系统弹出"打开"对话框→双击"machined"→双击"standard1.sym(去除材料粗糙度符号)"→"完成/返回"。

重复检索操作，在"unmachined"文件夹下调入"standard2.sym(不去除材料粗糙度符号)"。

(2)标注粗糙度符号。

【注释】选项→"表面粗糙度"图标 ✅→系统弹出"符号"菜单管理器，单击"名称"→"standard1"→"图元"→选取要标注表面的边线→在文本框中输入粗糙度值→单击图标 ✅，完成一个表面的表面粗糙度的标注→单击鼠标中键→"图元"，进行下一次标注→选择标注表面的边线，输入相应的粗糙度值→单击鼠标中键，再单击"完成"，即可结束表面粗糙度标注命令。

9.3.5　注释文本

工程图样上的零件序号、明细表、技术要求等都需要注释文本。

1．定义文本样式

【注释】选项→"格式"下拉菜单→"管理文本样式" ，系统弹出"文本样式库"，如图 9-25(a)所示→选择文本样式：Default→【新建…】，系统弹出"新文本样式"对话框→样式名称：gb-c，字体：font_chinese_cn→文字对齐：水平方向"中心"，竖直方向"中间"→【确定】→【新建…】→样式名称：gb-n，字体：cg times italic→文字对齐：水平方向"中心"，竖直方向"中间"→【确定】→【关闭】。如图 9-25(b)所示。

(a)　　　　　　　　　　　　　(b)

图 9-25　定义新文本样式

2．指定默认文本

【注释】选项→"格式"下拉菜单→"默认文本样式"，系统弹出"文本样式"菜单→选择文本样式：gb-c(国标汉字)或者 gb-n(国标字母)。

3．注释文本

注释文本时，需要选择"注解类型"(是否要引线)及"依附类型"(文本放置方式)。

(1)注释带引线文本。

【注释】选项→"注释"面板→"文本注解"→系统弹出"注解类型"菜单，选择"引线"→默认文本的其他属性：输入(文本)、水平(排列)、标准(引线)、居中(对齐)→"进行注解"→"自由点"(引线放置方式)、"点"(或者"箭头"，引线端点类型)→在屏幕上单击引线起点→"完成"→在屏幕上单击文本放置点→在"输入注解"文本框中输入文本→单击图标文本换行，单击图标结束文本输入→"完成/返回"，如图 9-26(a)所示。

(2)注释不带引线文本。

【注释】选项→"注释"面板→"文本注解"→系统弹出"注解类型"菜单，选择"无引线"，默认文本的其他属性：输入(文本)、水平(排列)、标准(引线)、居中(对齐)→"进行注解"→在屏幕上单击文本放置点→在"输入注解"文本框中输入文本→单击图标文本换行，单击图标结束文本输入→"完成/返回"，如图 9-26(b)所示。

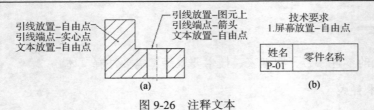

图 9-26　注释文本

对于工程图样上一些常用的符号，可以在系统弹开的"文本符号"对话框中选取，如图 9-27(a)所示。

双击需要编辑的注释文本，系统打开如图 9-27(b)所示"注解属性"对话框，可对注释的内容、字形、字高等属性进行修改。

图 9-27　文本符号与编辑文本

9.4　Creo 图样转入 CAD 出图

产品具有三维数字化模型和二维工程图样两种表达方式。Creo Parametric 系统设计的三维数字化模型可以自动生成二维视图。但如果要绘制一张符合国家标准的工程图样，在图线的线型线宽、文字样式、尺寸样式等方面，Creo Parametric 系统的二维绘图功能还有诸多限制。

AutoCAD 系统具备强大的二维图形编辑功能，其二维图形的绘图/修改工具，图层操作、文字样式及注释、尺寸样式及标注等功能，都是三维建模软件无法企及的。

将 Creo Parametric 系统的三维设计和三维自动生成二维视图的功能和 AutoCAD 系统二维绘图/修改功能，强强联合，就可以绘制一张漂亮的规范的工程图样。

Creo Parametric 的零件模块中设计零件的三维模型，进入 Creo Parametric 的绘图模块，根据零件图的表达方案，由该零件模型自动生成一组二维视图，先将绘图单位函数值修改为 mm，然后将该文件保存为 AutoCAD 系统可以操作的文件。

Creo Parametric 系统的绘图文件(.drw)转换成 AutoCAD 系统文件(.dwg)的转换过程如下：

(1)打开需转换的 Creo Parametric 系统的绘图文件(.drw)。

(2)单击"文件"选项卡→"准备"→"绘图属性"，系统弹出"绘图属性"对话框→单击"详细信息选项"栏中的"更改"，将"drawing_units"的值改为"mm"。

(3)"文件"命令菜单→"另存为"→"保存副本"，将当前文件保存为扩展名 dwg 的 AutoCAD 文件。

（4）启动 AutoCAD 系统，打开该文件。

（5）单击"文件"命令![icon]下拉菜单→图形实用工具![icon]→清理![icon]→【全部清理】→"清理所有项目"→【关闭】。

（6）选择所有图形对象，设置其颜色、线型、线宽均为随层。

接下来，可以利用 AutoCAD 系统的图层、文本样式、尺寸样式对该文件进行全面的编辑与完善。

9.5　本章实例练习

练习 1　由轴模型创建轴的零件图，如图 9-28 所示。

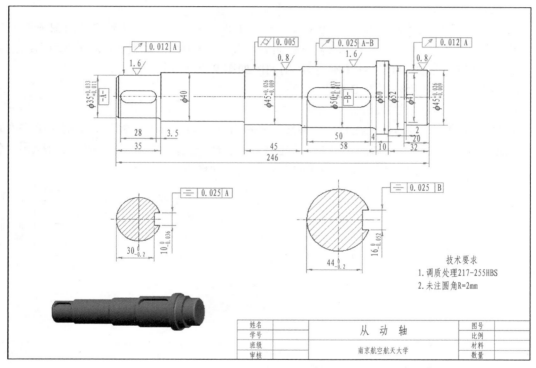

图 9-28　轴零件图（Creo）

step1　新建![icon]→"绘图"模块→文件名：轴→选中"使用默认模板"→【确定】→【浏览】→选"zhou.prt"→【打开】→指定模板：空→方向：横向→大小：A3→【确定】。

step2　修改绘图属性的相关函数值。

单击"文件"选项卡→"准备"→"绘图属性"，系统弹出"绘图属性"对话框→单击"详细信息选项"栏中的"更改"，系统弹出"选项"对话框。在该对话框中，做如下修改：

修改"tol_display"值为"yes"，单击"添加/更改"。

修改"projection_type"值为"first_angle"，单击"添加/更改"。

修改"arrow_style"值为"filled"，单击"添加/更改"。

　　修改"half_section_line"值为"centerline"，单击"添加/更改"。

　　修改"default_lindim_text_orientation"值为"parallel_to_and_above_leader"，单击"添加/更改"。

　　单击【确定】→【关闭】。

step3　创建一组视图。

　　(1)创建主视图。

　　"布局"→"常规"图标▣，系统弹出"选择组合状态"对话框，【确定】→单击鼠标左键在屏幕上确定一点，放置主视图→模型视图名：TOP→【应用】→类别框：视图显示→显示样式：消隐→【应用】→【确定】。完成轴的主视图的创建。如图 9-29 所示。

　　(2)创建剖面图。

　　① 打开基准面显示。

　　② 创建剖面 A。

　　"布局"→旋转视图▣→单击轴的主视图→在主视图的下方单击以放置剖面图→系统打开"绘图视图"对话框→【完成】→截面名：A→确认☑→系统提示选择剖切面：在主视图上选择基准面 DTM3→【确定】，剖面图如图 9-30 所示。

　　③ 以相同的方法创建剖面 B。

　　④ 为主视图和剖面添加轴线。

　　【注释】选项→"显示模型注释"图标▣→系统弹出"显示模型注释"对话框→单击"显示模型基准"图标▣→选中主视图，按住 Ctrl 键继续选择两个剖面图→单击图标▣，全部选中基准轴→【确定】，完成轴线的绘制。结果如图 9-30 所示。

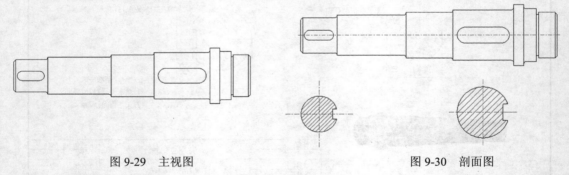

图 9-29　主视图　　　　　　　　　　　　　　　　　图 9-30　剖面图

step4　定义国标文字样式。

　　【注释】选项→"格式"→"管理文本样式"▣，系统弹出"文本样式库"→选择文本样式：Default→【新建...】，系统弹出"新文本样式"对话框→样式名称：gb-c，字体：font_chinese_cn→文字对齐：水平方向"中心"，竖直方向"中间"→【确定】→【新建...】→样式名称：gb-n，字体：cg times italic→文字对齐：水平方向"中心"，竖直方向"中间"→【确定】→【关闭】。

step5　标注尺寸。

　　(1)标注尺寸。

　　【注释】选项→"注释"面板→"尺寸"图标▣→选择"图元上"→选择需标注尺寸的图元→在放置尺寸的位置单击鼠标中键，即完成尺寸的创建。必要时使用对齐尺寸工具▣对齐连续标注的尺寸。

（2）将尺寸文本样式改为"gb-n"。

按住 Ctrl 键选中所有尺寸→双击，系统打开"尺寸属性"对话框→打开"文本样式"标签→样式名称：gb-n→【确定】。

（3）标注直径尺寸。

按住 Ctrl 键选中所有直径尺寸→双击，系统打开"尺寸属性"对话框→打开"显示"标签→在"前缀"文本框中输入"ϕ"（可单击【文本符号】按钮选择符号"ϕ"）→【确定】。结果如图 9-31 所示。

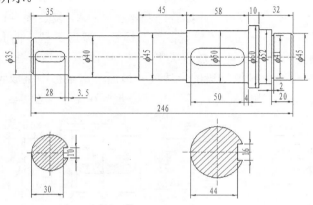

图 9-31　尺寸标注

step6　标注尺寸公差。

双击要标注公差的尺寸 ϕ35→系统弹出【尺寸属性】对话框→打开"属性"标签→公差模式："正-负"→上公差：+0.033，下公差：+0.017→小数位数：3→【确定】，完成该尺寸的公差标注。用同样的方法标注阶梯轴直径尺寸 ϕ40、ϕ45、ϕ50 和键槽宽尺寸 10、16 等尺寸的公差。尺寸公差标注结果如图 9-32 所示。

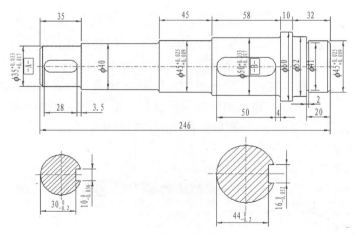

图 9-32　键槽等的公差尺寸

step7　创建几何公差基准。

（1）【注释】选项→"模型基准轴"图标→系统弹出"轴"对话框→名称：B→单击【定义】，系统弹出"基准轴"菜单→"过柱面"→选择右侧键槽的轴段表面→单击"显示"图标 [-A-] →放置：尺寸上→选择右侧键槽轴段的直径尺寸 $\phi50$，即完成模型基准轴 B 的创建→【新建】→按上述步骤，创建左侧键槽轴段表面的基准轴 A→【确定】，完成几何公差基准的创建。

(2)按住 Ctrl 键，选中剖面中的基准 A、B，再按 Del 键，删除其他视图中不需要表示的模型基准。

step8　标注几何公差。

(1)【注释】选项→"几何公差"图标 ⊅⌐1M →系统弹出"几何公差"对话框，单击"圆跳动"图标 ↗ →打开"基准参考"标签→基本参考：A，复合参考：B→打开"公差值"标签→总公差：0.025→打开"模型参考"标签→参考类型：曲面→【选择图元】→选择带有大键槽轴段的表面→放置类型：法向引线→系统弹出"引线类型"菜单→"箭头"→选择带有大键槽轴段的上边线→最后单击鼠标中键放置几何公差。

(2)用同样的方法标注键槽的对称度等。几何公差标注结果如图 9-33 所示。

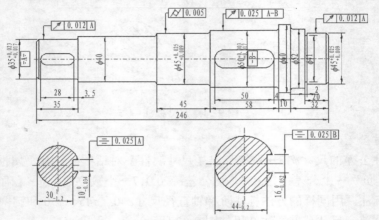

图 9-33　几何公差标注

step9　标注表面粗糙度。

【注释】选项→"表面粗糙度"图标 ³²√，系统弹出"得到符号"菜单→"检索"，系统弹出"打开"对话框→双击"machined"→双击"standard1.sym"→"图元"→选取左侧键槽轴段的上边线→粗糙度值：1.6→单击图标 ✓，完成一个表面的表面粗糙度的标注。继续选择其他表面的边线，输入相应的粗糙度值。单击鼠标中键，再单击"完成"，即可退出表面粗糙度的标注。表面粗糙度标注结果如图 9-34 所示。

step10　添加技术要求。

(1)指定默认文本样式 gb-c。

【注释】选项→"格式"下拉菜单→"默认文本样式" A̶A̶，系统弹出"文本样式"菜单→选择文本样式：gb-c(国标汉字)。

(2)写入技术要求。

【注释】选项→注解图标 ≣ →系统弹出"注解类型"菜单→"无引线""输入""水平""标准""默认"→"进行注解"→在写技术要求的地方单击，输入注释文本后，单击图标 ✓。双击文本，可在系统弹出的"注解属性"对话框中更改文本内容和文本属性。结果如图 9-34 所示。

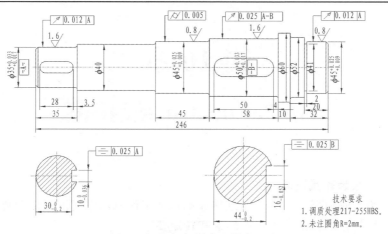

图 9-34　添加粗糙度和技术要求

step11　添加图框和标题栏。

　　"布局"→"文档"面板→"页面设置"，系统弹出"页面设置"对话框→选择"格式"
下拉菜单中的"浏览"→双击"my_A3_h.frm"→【确定】。结果如图 9-28 所示。

step12　将 Creo 图样转入 AutoCAD 出图。

　　(1) 单击"文件"→"另存为"→"保存副本"，将当前文件保存为 AutoCAD 文件"zhou.dwg"。

　　(2) 启动 AutoCAD 系统，打开"zhou.dwg"。

　　(3) 单击"文件"命令 下拉菜单→图形实用工具 →清理 →【全部清理】→"清理所
有项目"→【关闭】。

　　(4) 选择所有图形对象，设置其颜色、线型、线宽均为随层。

　　(5) 修改设置图层、文本样式、尺寸样式等，编辑完善"zhou.dwg"文件，如图 9-35 所示。

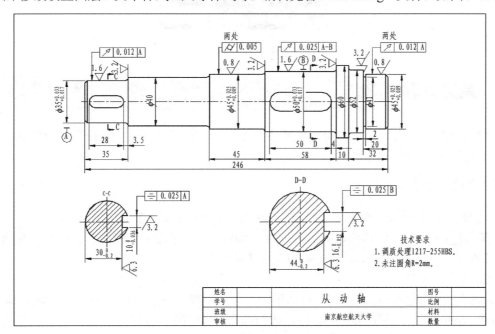

图 9-35　轴零件图(AutoCAD)

第 10 章

Creo Parametric 项目训练

项目：设计一级齿轮减速器。

主要作用：齿轮减速器(图 10-1)是连接原动机和工作机的中间机械传动装置，其功用是降低转速、增大转矩，以满足工作机的转速和转矩要求。

工作原理：当电动机的输出转速从主动轴输入后，带动小齿轮转动，小齿轮通过与大齿轮啮合，带动大齿轮转动，大齿轮带动从动轴转动，最后将运动由从动轴输出。

主要组成：齿轮减速器的三个主要部件为：高速轴系(输入轴)、低速轴系(输出轴)和箱体(上箱盖和下箱座)。

图 10-1 减速器模型

10.1 减速器零件建模

齿轮具有渐开线齿面，上箱盖属于箱体类零件，结构复杂。本章选择齿轮减速器的主要零件主动齿轮和上箱盖进行建模。

10.1.1 主动齿轮建模

step1 选择工作目录 📁→设定工作目录为 D：\减速器→【确定】。

step2 新建 🗋→选定零件模块，输入名称为"chilun"，取消选中"使用默认模板"复选框→【确定】→选择"mmns_part_solid"→【确定】。

step3 创建设计参数。

"工具"→参数 []→在"参数"对话框中，单击添加参数 ➕→模数 m=3，齿数 z=26，压力角 alpha=20，齿顶圆直径 da=84，齿根圆直径 df=70.5，基圆直径 db=73.3，分度圆直径 d=78，齿宽 b=64→确定 ☑，如图 10-2 所示。

step4　添加齿轮参照关系。

(1)"模型"→草绘↗→选择 FRONT 为草绘平面，其余默认→【草绘】，进入草绘，绘制 4 个同心圆，如图 10-3 所示→确定✓。

图 10-2　"参数"对话框

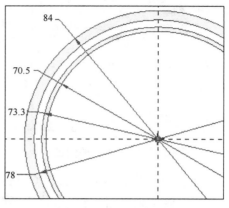

图 10-3　同心圆的绘制

(2)右击"模型树"中的"草绘 1"，在弹出的菜单中单击"编辑"，使草图进入编辑状态→"工具"→关系d=，系统弹出"关系"对话框，添加如图 10-4 所示的关系。

图 10-4　为参照圆添加关系

step5　创建齿轮的齿廓渐开线。

"模型"→"基准"→"曲线"→"来自方程的曲线"→【方程】→在"方程"对话框，输入如图 10-5 所示的内容→【确定】→设置笛卡儿坐标，在模型树中选择 PRT_CSYS_DEF→确定✓，完成渐开线的创建，如图 10-6 所示。

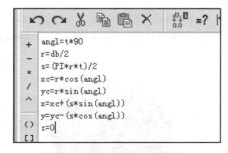

图 10-5　"方程"对话框

图 10-6　渐开线的创建

step6　创建镜像基准平面特征。

(1)创建基准点 PNT0。

"模型"→按住 Ctrl 键同时选择分度圆和刚创建的渐开线→单击"基准"面板的基准点 →
系统弹出"基准点"对话框，如图 10-7 所示→【确定】，完成基准点的创建。

图 10-7　基准点的创建

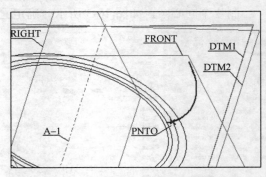

图 10-8　基准点和基准平面的创建

(2) 创建基准轴 A _1。按住 Ctrl 键同时选择 RIGHT 和 TOP 基准平面→"基准"面板的
"基准轴" →系统弹出"基准轴"对话框→【确定】，完成基准轴的创建。

(3) 创建基准平面 DTM1。按住 Ctrl 键同时选择基准轴 A _1 和基准点 PNT0→"基准"
面板的"平面" →系统弹出"基准平面"对话框→【确定】，完成基准平面的创建。

(4) 创建基准平面 DTM2。按住 Ctrl 键同时选择基准轴 A _1 和基准面 DTM1→"基准"
面板的"平面"图标 →系统弹出"基准平面"对话框，在"旋转"文本框中输入
"–90/z"，此时系统提示"是否添加 90/z 作为特征关系"，选择"是"→【确定】，完
成基准平面的创建，如图 10-8 所示。

step7　创建镜像渐开线特征。

在"模型树"中选择刚才创建的渐开线特征→镜像 →选择 DTM2 面作为镜像平面→确
定 ，完成镜像渐开线特征。

step8　创建第一个齿槽特征。

(1) 创建齿顶圆柱。

拉伸 →【放置】→【定义】，选取 FRONT 面作为草绘平面，草绘方向默认，进入草
绘模式→选择投影 ，选择齿顶圆，完成齿顶圆轮廓线的绘制→确定 →选择"以指定
的深度值拉伸" ，输入深度为 b，此时系统提示"是否添加 b 作为特征关系"，选择
"是"→确定 ，完成拉伸特征。如图 10-9 所示。

(2) 修饰齿轮外边线。

倒角 →选取"45×D"，在其右侧输入 1，选择齿轮两个边线，如图 10-10 所示→确定 ，
完成齿轮倒角特征的创建。

图 10-9　齿轮轮廓拉伸

图 10-10　倒角特征

（3）创建齿槽。

拉伸 🔲→【放置】→【定义】，选取 FRONT 面作为草绘平面，草绘方向默认，进入草绘模式，草绘如图 10-11 所示的齿槽截面→确定☑→选择移出材料☑，选择"以指定的深度值拉伸"🔳，给定深度为 b，此时系统提示"是否添加 b 作为特征关系"，选择"是"→确定☑，完成拉伸特征。如图 10-12 所示。

step9　创建第二个齿槽特征。

"模型"→"操作"→"特征操作"→"复制、移动、独立"→"完成"→选择刚才创建的齿槽拉伸特征→【完成】→"旋转"→"曲线/边/轴"，选择中心轴 A_1→【确定】→旋转角度：输入"360/z"→"完成移动"→【完成】→【确定】，完成第二个齿槽的创建。

step10　创建齿槽阵列特征。

选择刚才移动复制创建的齿槽→阵列 🔳→选择"尺寸阵列"→方向 1：两齿槽间的角度，角度增量：25→确定☑，完成齿槽阵列特征的操作，如图 10-13 所示。

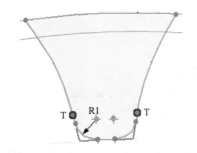

图 10-11　齿槽截面图

图 10-12　齿槽拉伸

图 10-13　齿槽阵列特征图

step11　创建内轴孔与键槽。

拉伸 🔲→【放置】→【定义】→选取 FRONT 面作为草绘平面，草绘方向默认，进入草绘模式，草绘如图 10-14 所示的截面→确定☑→选择移出材料☑，选择"拉伸至与所有曲面相交"🔳→确定☑，完成拉伸特征，如图 10-15 所示。

创建从动齿轮的步骤与创建主动齿轮步骤相似，这里不再详述。其中从动齿轮的参数为 m=3，z=82，alpha=20，da=252，df=238.5，db=231，d=246，b=60。从动齿轮模型如图 10-16 所示。

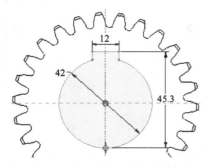

图 10-14　草绘内轴孔与键槽截面

图 10-15　主动齿轮

图 10-16　从动齿轮

10.1.2　上箱盖建模

减速器上箱盖的建模流程如图 10-17 所示。

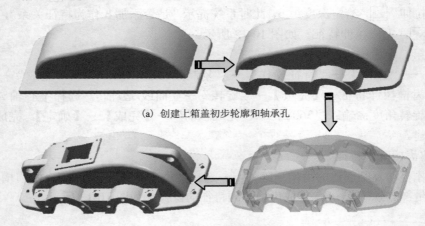

(a) 创建上箱盖初步轮廓和轴承孔

(b) 创建左右筋、窥视窗和孔特征

图 10-17　减速器上箱盖的建模流程

step1　选择工作目录🗔→设定工作目录为 D:\减速器→【确定】。

step2　新建▯→在打开的对话框中，选定零件模块，输入名称为"shangxianggai"，取消选中缺省模版→【确定】→选择"mmns_part_solid"→【确定】。

step3　创建上箱盖基本外形。

(1) 拉伸▱→【放置】→【定义】,选定 FRONT 面为草绘平面,草绘参考平面默认为 RIGHT 面, 定向草绘面▤, 单击"基准显示"图标▨, 关闭所有基准显示。

(2) 绘制草绘截面。

① 绘制中心线▐, 两条中心线的距离为 162。

② 绘制圆◉, 半径分别为 142 和 102。

③ 绘制直线☑, 利用相切约束☑保证相切。

④ 绘制直线☑, 绘制上箱盖下表面轮廓线,之后利用"删除段"☑,裁剪掉多余的线,结果如图 10-18 所示。

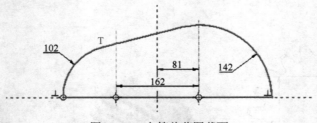

图 10-18　上箱盖草图截面

⑤ 单击确定☑。

⑥ 两侧拉伸▣, 拉伸深度 110, 确定☑, 如图 10-19 所示。

(3) 倒圆角⬙→选择箱体的两条带有圆弧的边线→设圆角半径 8→确定☑。

(4) 壳▣→选中下表面为抽壳方向, 设定抽壳厚度为 8→确定☑, 如图 10-20 所示。

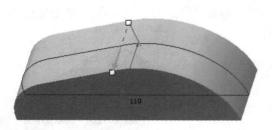

图 10-19　基体拉伸属性设置

图 10-20　生成上箱盖腔体

step4　创建上箱盖凸缘和凸台。

（1）创建凸缘。

① 拉伸▨→【放置】→【定义】，选定上箱盖腔体下表面作为草绘平面。定向草绘面▨，打开草绘参照▣，添加腔体外轮廓（包括圆角）以及水平方向的平面作为参考，如图 10-21 所示。

② 中心线▨，绘制关于腔体对称的竖直和水平中心线。矩形▨，利用对称捕捉绘制关于两条中心线对称的矩形，长为 468，宽为 186。再利用直线▨以及圆◉命令，利用参考线描绘上箱盖腔体外轮廓，再利用删除段▨删除一些不必要的线，确定▣。如图 10-22 所示。

图 10-21　凸缘草绘参考设置

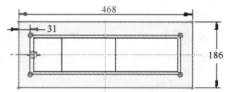

图 10-22　凸缘的草绘截面

③ 设置拉伸厚度为 12，改变拉伸方向▨，使凸缘向上拉伸，单击确定▣。如图 10-23 所示。

（2）创建上箱盖装配凸台。

① 拉伸▨→【放置】→【定义】，选定上箱盖凸缘上表面作为草绘平面。定向草绘面▨，打开草绘参照▣，设置草绘参考线，如图 10-24 所示。

图 10-23　上箱盖凸缘初步轮廓

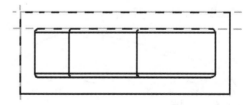

图 10-24　凸台草绘参考线设置

② 利用直线▨和圆角▨命令，绘制草绘截面如图 10-25 所示，单击确定▣，完成截面。

③ 设置拉伸厚度 35，向上拉伸，确定▣。如图 10-26 所示。

④ 细化上箱盖装配凸台。拉伸▨→【放置】→【定义】，选定上箱盖凸缘上表面作为草绘平面。定向草绘面▨，打开草绘参照▣，参考线设置如图 10-27 所示。利用直线▨、圆角▨、删除段▨命令绘制截面，如图 10-28 所示。单击确定▣。指定拉伸厚度为

指定到面 ，选定凸缘的下表面，指定材料移除 ，单击确定 。单击图标 变为 ，恢复实体模式。如图 10-29 所示。

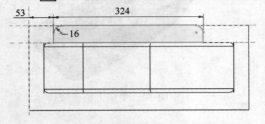

图 10-25　上箱盖装配凸台草图

图 10-26　上箱盖凸台初步轮廓

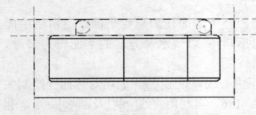

图 10-27　细化凸缘草绘参照

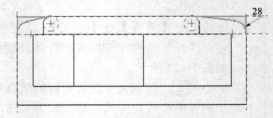

图 10-28　细化凸缘草绘截面

step5　创建轴承孔。

（1）创建轴承座。

① 拉伸 →【放置】→【定义】，选定图 10-29 中上箱盖腔体前表面作为草绘平面。定向草绘面 ，打开草绘参照 ，设置草绘参考线，如图 10-30 所示。

图 10-29　细化凸缘剪切特征

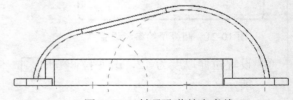

图 10-30　轴承孔草绘参考线

② 绘制圆 ，如图 10-31 所示绘制截面，单击确定 。

③ 设置拉伸厚度为 42，向外腔体拉伸，单击确定 。单击图标 变为 ，恢复实体模式。如图 10-32 所示。

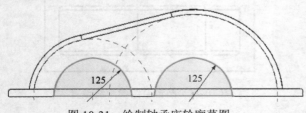

图 10-31　绘制轴承座轮廓草图

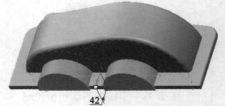

图 10-32　轴承座轮廓

（2）创建轴承孔。

① 拉伸 →【放置】→【定义】，选定轴承座外侧面作为草绘平面。定向草绘面 ，打开草绘参照 ，参考线的设置如图 10-33 所示。

② 绘制截面如图 10-34 所示，单击确定 。

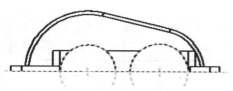

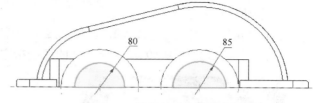

图 10-33　轴承孔草绘参考线　　　　　　　　　图 10-34　绘制轴承座孔轮廓草图

③ 设为向内拉伸到指定面⬆️，选定上箱盖腔体的内侧前表面为指定面。设定材料移除⬜，单击确定☑️。恢复实体模式🔲。如图 10-35 所示。

(3) 镜像轴承座和轴承孔。

在模型树中，按住 Shift 键，将凸台、细化凸台操作、大小轴承座孔等拉伸操作选项全部选中，选择镜像🔧，选择 FRONT 面为镜像平面，确定☑️，如图 10-36 所示。

图 10-35　轴承座孔轮廓　　　　　　　　　图 10-36　镜像处理后的上箱盖

step6　创建上箱盖安装孔。

(1) 创建凸台安装孔。

① 单击孔图标🔧→【放置】，选择凸台上表面为放置平面。设定偏移参考，如图 10-37 所示。

② 单击"形状"，单击"标准孔"图标🔧，在此界面下单击"沉孔"图标🔧，设置沉孔尺寸，如图 10-38 所示。孔的深度指定到上箱盖下表面。单击"确定"图标☑️。

③ 再单击孔图标🔧，绘制凸台的中间孔和右侧孔。中间孔定位尺寸如图 10-39 所示。

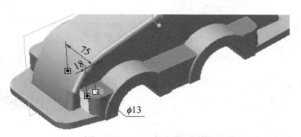

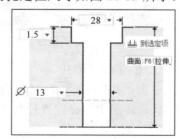

图 10-37　凸台左侧安装孔定位　　　　　　图 10-38　凸台左侧安装孔尺寸设定

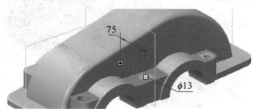

图 10-39　凸台中间安装孔定位

（2）创建凸缘安装孔。

单击"孔"图标 → 【放置】，选择凸缘上表面为放置平面。设定偏移参考，如图 10-40 所示，孔的参数如图 10-41 所示，孔的深度指定到上箱盖下表面。单击"确定"图标 。

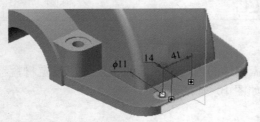

图 10-40　凸缘安装孔定位

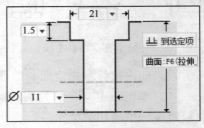

图 10-41　凸缘安装孔尺寸设定

（3）镜像孔。

在模型树中选择凸台和凸缘孔等→单击"镜像"图标 →选择 FRONT 面为镜像平面→单击"确定"图标 ，完成另一侧上箱盖安装孔的操作，如图 10-42 所示。

step7　创建上箱盖螺栓孔和销孔。

（1）创建凸缘螺栓孔。

单击孔图标 → 【放置】，选择凸缘上表面为放置平面。设定偏移参考，与 FRONT 面偏移距离 36；与凸缘左侧面偏移距离 16，如图 10-43 所示。单击"标准孔"图标 ，单击"攻丝"图标 ，选定螺纹系列为 ISO 标准 M10X1 系列，再在"形状"菜单中，选定孔的深度指定到上箱盖下表面。单击"确定"图标 。单击"确定"图标 。

图 10-42　镜像凸缘安装孔

图 10-43　凸缘螺栓孔

（2）创建凸缘销孔。

单击"孔"图标 → 【放置】，选择凸缘上表面为放置平面。偏移参照同螺栓孔，在"形状"界面中，设定直径为 8，选定孔的深度指定到上箱盖下表面。单击"确定"图标 。如图 10-44 所示。

图 10-44　上箱盖销孔特征生成

step8　创建端盖安装孔。

（1）创建基准轴。

单击"基准轴"图标 / →选定轴承座圆弧表面→【确定】，完成基准轴的创建。

（2）创建孔。

单击"孔"图标 □ →【放置】，选择上箱盖大小轴承座的前端面为绘制平面。设置类型为径向，选定轴承座的轴线为参考轴，半径 52，再按住 Ctrl 键，选定 TOP 为参考面，角度为 30°。单击"标准孔"图标 □ ，单击"攻丝"图标 ⊕ ，选定螺纹系列为 ISO 标准 M6X1 系列，钻孔深度为 15。选择具体参数设置如图 10-45 所示。单击"确定"图标 ☑ 。孔特征如图 10-46 所示。

图 10-45　上箱盖端盖孔参数设置

（3）阵列孔。

单击"阵列"图标 ▦ ，选择轴为参照，阵列个数为 3，角度为 60°，具体参数设置如图 10-47 所示。单击"确定"图标 ☑ 。

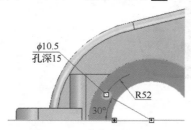
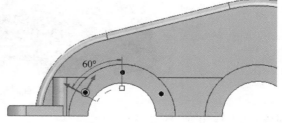

图 10-46　端盖安装孔　　　　　　　　图 10-47　端盖安装孔阵列

（4）重复前述步骤，用同样的方法创建上箱盖右侧端盖安装孔，如图 10-48 所示。

（5）镜像孔。

在模型树中选中孔阵列，单击"镜像"图标 ▯▯ ，选定 FRONT 面为镜像平面，单击"确定"图标 ☑ ，完成整个端盖孔的创建。

step9　创建上箱盖吊耳。

（1）创建左侧吊耳。

① 单击"轮廓筋"图标 ▨ ，选择 FRONT 面为草绘平面。参考设置如图 10-49 所示。

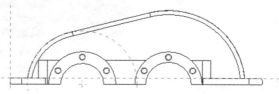

图 10-48　端盖右侧孔特征　　　　　　图 10-49　左侧吊耳草绘参考线

② 绘制吊耳截面，如图 10-50 所示，单击"确定"图标☑。

③ 设定筋厚度为 20，单击"确定"图标☑，完成左侧吊耳创建，如图 10-51 所示。

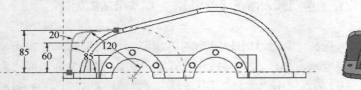

　　图 10-50　左侧吊耳草图截面　　　　　　　　　　图 10-51　左侧吊耳

(2) 创建右侧吊耳。

创建方法如左侧吊耳，草绘截面如图 10-52 所示，单击"确定"图标☑。设定筋厚度为 20。单击"确定"图标☑，如图 10-53 所示。

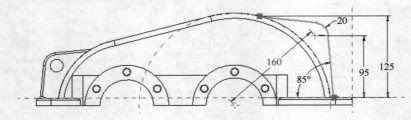

图 10-52　右侧吊耳草图截面

图 10-53　右侧吊耳

(3) 创建吊耳孔特征。

拉伸▭→【放置】→【定义】，选定左侧吊耳前表面为草绘平面。定向草绘面▦，打开草绘参照▦，设定吊耳圆弧段为参考圆。绘制半径为 10 的圆，单击"确定"图标☑，拉伸方向向后，然后单击"材料移除"图标▨，拉伸面指定到吊耳后表面。单击"确定"图标☑，完成左侧吊耳的孔的创建。重复以上步骤，完成右侧吊耳的孔特征。最终结果如图 10-54 所示。

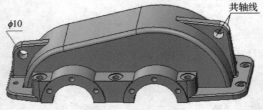

图 10-54　吊耳孔特征

step10　创建窥视窗。

(1) 创建窥视窗外形。

① 拉伸□→【放置】→【定义】，选定上箱盖斜表面为草绘平面。定向草绘面⟳，打开草绘参照⟳，参考线及截面绘制设置如图 10-55 所示。单击"确定"图标☑，如图 10-55 所示。

② 设定拉伸厚度为 3，向上拉伸，单击"确定"图标☑，如图 10-56 所示。

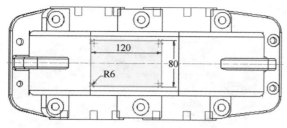

图 10-55　窥视窗外轮廓草绘截面

图 10-56　窥视窗外轮廓

（2）创建窥视窗内轮廓。

① 拉伸□→【放置】→【定义】，选定上箱盖斜表面为草绘平面。定向草绘面⟳，打开草绘参照⟳，绘制草绘截面，如图 10-57（a）所示。

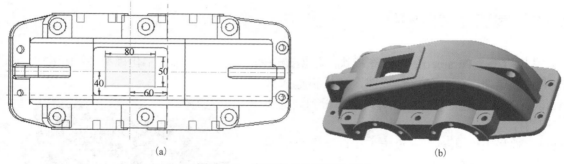

(a)　　　　　　　　　　　　　　　　　　(b)

图 10-57　窥视窗内轮廓草绘截面

② 设定拉伸厚度指定到上箱盖腔体下表面，单击"材料移除"图标⟳，单击"确定"图标☑，如图 10-57（b）所示。

（3）创建螺纹孔。

孔命令⟳→选择放置表面及参考，各孔中心与窥视窗外边缘距离均为10→标准孔⟳→单击"攻丝"图标⟳，选定螺纹系列为 ISO 标准 M6X1 系列，钻孔ϕ5，深度为 9→单击"确定"图标☑，最终结果如图 10-58 所示。

step11　创建倒角。

倒角⟳→设定倒角尺寸为 2→选择倒角特征，如图 10-59 所示→单击"确定"图标☑。

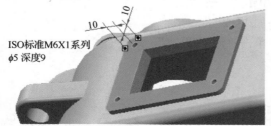

图 10-58　窥视窗螺纹孔

图 10-59　倒角

step12　创建圆角。

　　倒角◁▷→设定倒角半径为 2→选择凸缘、加强筋、窥视窗的边缘，如图 10-60 所示→单击"确定"图标☑。

step13　创建导油结构

　　倒角◁▷→设定倒角尺寸为 8→选择倒角特征，如图 10-61 所示→单击"确定"图标✔。

图 10-60　倒圆角

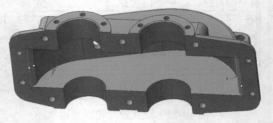

图 10-61　上箱盖导油结构

step14　保存减速器上箱盖。

　　单击"保存"图标▢→将零件文件保存为"shangxianggai.prt"→【确定】。

10.2　减速器零件图样

　　利用 Creo Parametric 的绘图模块，根据减速器下箱体的三维数字化模型（图 10-62），自动生成减速器下箱体的二维视图，然后再输入到 AutoCAD 中，进行尺寸标注等，最终得到规范的工程图样。

step1　选择工作目录▣→设定工作目录为 D：\减速器→【确定】。

step2　新建▢→绘图模块，输入文件名：xiaxiangti，取消选中"使用默认模板"→【确定】→默认模型，【浏览】→双击 xiaxiangti.prt→指定模板，选择"空""横向""A3"→【确定】。

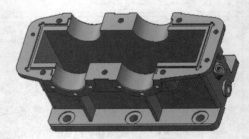

图 10-62　减速器下箱体模型

step3　设置绘图选项。

　　单击"文件"选项卡→"准备"→"绘图属性"，系统弹出"绘图属性"对话框，单击"详细信息选项"栏中的"更改"，系统弹出"选项"对话框。在该对话框中，做如下修改：

　　修改"tol_display"值为"yes"，单击"添加/更改"。

　　修改"projection_type"值为"first_angle"，单击"添加/更改"。

　　修改"arrow_style"值为"filled"，单击"添加/更改"。

　　修改"half_section_line"值为"centerline"，单击"添加/更改"。

　　【确定】→【关闭】。

step4　创建四个视图。

　　（1）创建主视图。

　　"布局"→"常规"图标▢，系统弹出"选择组合状态"对话框，【确定】→单击鼠标左键在屏幕上确定一点，放置主视图→模型视图名：FRONT→【应用】→类别框：视图显示→显示样式：消隐→自定义比例：0.4→【应用】→【确定】。

(2) 创建俯视图。

"布局"→投影视图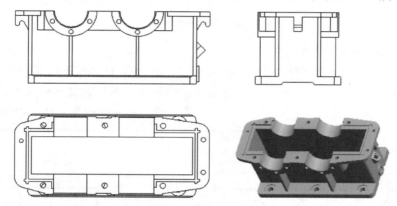→单击主视图(父视图)→在主视图下方，单击生成俯视图→双击俯视图，修改"视图显示"的"显示样式"为"消隐"→【应用】→【确定】。

(3) 创建左视图。

"布局"→投影视图→单击主视图(父视图)→在主视图右方，单击生成左视图→双击左视图，修改"视图显示"的"显示样式"为"消隐"→【应用】→【确定】。

(4) 创建轴测图。

"布局"→"常规"图标→在图纸右下方单击生成轴测图→"视图显示"的"显示样式"为"着色"→自定义比例：0.3→【应用】→【确定】。如图 10-63 所示。

图 10-63　下箱体的基本视图

step5　在主视图上进行局部剖视。

双击主视图→单击"截面"，在"截面选项"中选择"2D 横截面"→单击图标→单击"平面""单一""完成"→输入横截面名称 A，单击→在俯视图上选取 FRONT 基准面→在剖面设置选项中的"剖切区域"中选择"局部"→选择界面间断的中心点→草绘包括中心点的轮廓线作为局部视图的边界→【应用】→【关闭】。如图 10-64 所示。

step6　创建油标尺孔的斜视图。

(1) "布局"→辅助→选择窥油孔的上边线，拖动代表辅助视图的方框到所需位置→单击左键放置视图。

(2) 双击该视图→修改辅助视图显示为"消隐"→【应用】→单击"截面"→单个零件曲面→在辅助视图中选中要表示的窥油孔上表面→【应用】→单击"对齐"，取消选中"将此视图与其他视图对齐"复选框→【应用】→【关闭】，如图 10-65 所示。

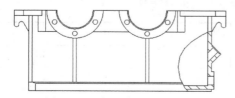

图 10-64　主视图作局部剖视

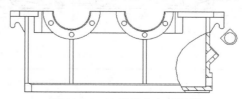

图 10-65　油标尺凸台斜视图

step7 修改左视图为半剖视。

双击左视图→单击"截面",在"截面选项"中选择"2D 横截面"→单击图标 ➕ →单击"平面""单一""完成"→输入横截面名称 B,单击 ☑ →选取 DTM2 面作为横截面→在剖面设置选项中的"剖切区域"中选择"一半"→选择 FRONT 面作为半截面的参考平面→单击右视图右侧任一点以拾取侧→【应用】→【关闭】。如图 10-66 所示。

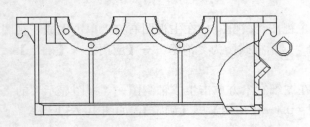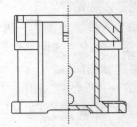

图 10-66　左视图作半剖视

step8 将 Creo 图样转入 CAD 出图。

将当前文件保存为 CAD 文件 "xiaxiangti.dwg"。在 AutoCAD 系统下打开 "xiaxiangti .dwg",先采用图形实用工具 📝,清理所有多余项目;然后定义图层、文本样式、尺寸样式等;标注尺寸、几何公差、技术要求等,编辑完善 "xiaxiangti.dwg" 文件,如图 10-67 所示。

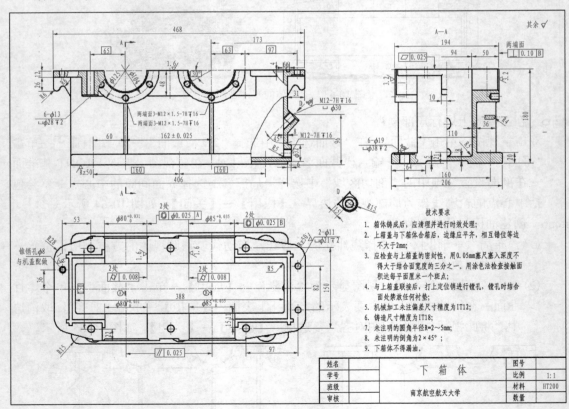

图 10-67　下箱体零件图

10.3　减速器装配

减速器的装配顺序为：①低速轴组件装配；②高速轴组件装配；③齿轮减速箱装配：下箱体→装配低速轴组件→装配高速轴组件→装配轴承端盖和上箱盖→装配紧固件→装配窥视窗、油标尺、螺塞等其他零件。

10.3.1　低速轴组件装配

低速轴组件装配模型如图 10-68 所示，安装方法为：以轴环为界，左侧按顺序依次安装键、大齿轮、套筒、左端轴承；右侧安装右端轴承。

(a) 低速轴组件　　　　　　　　　　　　(b) 低速轴组件组成

图 10-68　低速轴组件

1. 创建低速轴组件的装配文件

"新建" 🗋→装配模块→输入名称为"disuzhouzujian"，取消选中"使用默认模版"复选框→【确定】→选择"空"模板→【确定】，创建一个新的装配文件。

2. 调入轴零件

"组装" 🖼→在工作目录中选择低速轴零件→【打开】→单击"确定"图标☑，完成低速轴零件的检索。

3. 装配键零件

"组装" 🖼→选择键零件→【打开】，将键加入装配中。

打开"放置"面板，选择键的下表面和键槽的底面为"重合"约束，选择键侧面与键槽侧面建立"重合"约束，键圆弧面与键槽圆弧面建立"重合约束"。此时，键为"完全约束"，单击"确定"图标☑，完成轴与键的装配。如图 10-69 所示。

键与键槽：
（1）底面重合
（2）侧面重合
（3）圆弧面重合

(a) 装配约束　　　　　　　　　　　　(b) 装配结果

图 10-69　轴—键装配关系

4. 装配齿轮

"组装" 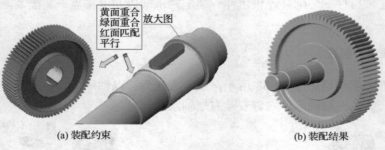→选择齿轮零件→【打开】，将齿轮加入装配中。

打开"放置"面板，选择齿轮圆孔与轴圆柱面为"重合"约束，键上表面与齿轮键槽底面为"平行"约束，齿轮端面与键右侧的轴阶梯面"重合"约束，如图 10-70 所示。

(a) 装配约束　　　　　　　　　　(b) 装配结果

图 10-70　齿轮装配

5. 装配套筒

"组装" →选择套筒零件→【打开】，将套筒加入装配中。打开"放置"面板，设置套筒内圆与齿轮左侧轴段表面为"重合"约束，选择套筒侧面与齿轮左侧面为"重合"约束，如图 10-71 所示。

(a) 装配约束　　　　　　　　　　(b) 装配结果

图 10-71　套筒装配

6. 装配右端轴承

"组装" →选择轴承→【打开】，将轴承加入装配中。打开"放置"面板，设置轴承内圆与右轴段外圆为"重合"约束，轴承端面与轴右侧第一个阶梯面为"重合"约束，注意灵活使用"更改约束方向"图标 来更改方向。如图 10-72 所示。

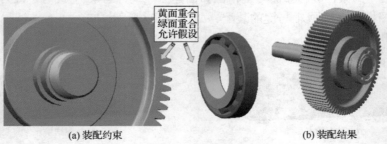

(a) 装配约束　　　　　　　　　　(b) 装配结果

图 10-72　右轴承装配

7. 装配左端轴承

单击"组装"图标 →选择轴承→【打开】，将轴承加入装配中。打开"放置"面板，设置轴承内圆与轴段外圆为"重合"约束，轴承凸出端面与套筒左侧端面为"重合"约束，如图 10-73 所示。

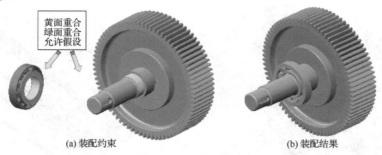

图 10-73　左轴承装配

8. 保存低速轴组件

单击"保存"图标 →【确定】，将组件文件保存为"disuzhouzujian.asm"。

9. 创建低速轴组件分解图

单击"编辑位置"图标 ，进入"分解工具"操作面板，通过"平移"将套筒下移一段距离，单击"分解线"图标 ，打开轴基准，选定左轴承轴线右端与套筒轴线左端，单击【应用】，创建的分解线如图 10-74 所示。再选择套筒轴线右端和齿轮轴线左端一组、齿轮轴线右端和轴轴线左端一组、键下表面和键槽上表面一组、轴线右端和右轴承一组创建分解线。最终结果如图 10-75 所示。

图 10-74　左轴承—套筒分解线　　　　　图 10-75　低速轴组件分解图

10.3.2　高速轴组件装配

高速轴组件装配模型如图 10-76 所示，包括高速轴、高速键、小齿轮、套筒以及高速轴轴承，其装配与低速轴组件的装配过程与方法相同，故不再赘述。将组件保存为："gaosuzhouzujian.asm"。

（a）高速轴组件　　　　　　　　　　　（b）高速轴组件分解图

图 10-76　高速轴组件

10.3.3　齿轮减速箱装配

以下箱体为基座,先分别将低速轴子组件和高速轴子组件装入下箱体中,再安装上箱盖和 4 个轴承端盖等,如图 10-77 所示。

　　　(a) 齿轮减速箱组成　　　　　　　　　　　　　　　(b) 齿轮减速箱装配

图 10-77　齿轮减速箱

1. 调入下箱体

"新建" ▢→装配模块→输入名称为"zongzhuangpei",取消选中"使用默认模版"复选框→【确定】→选择"空"模板→【确定】,创建一个新的装配文件。

单击"组装" ⬚→在工作目录中选择下箱体零件→【打开】→单击"确定"图标☑,完成下箱体的安装。

2. 装配低速轴组件

"组装" ⬚→选择低速轴组件→【打开】,将低速轴组件加入装配中。打开"放置"面板,设置大齿轮前后对称面与下箱体前后对称面为"重合"约束,设置低速轴轴线与下箱体右侧轴承孔轴线为"重合"约束,如图 10-78 所示。

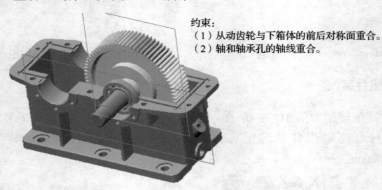

约束:
(1) 从动齿轮与下箱体的前后对称面重合。
(2) 轴和轴承孔的轴线重合。

图 10-78　低速轴装配关系

3. 装配高速轴组件

"组装" ⬚→选择高速轴组件→【打开】,将高速轴组件加入装配中。打开"放置"面板,设置小齿轮前后对称面与下箱体前后对称面为"重合"约束，设置高速轴轴线与下箱体左侧轴承孔轴线为"重合"约束。如图 10-79 所示。

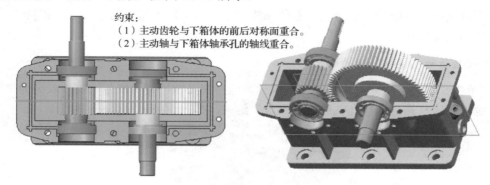

约束：
（1）主动齿轮与下箱体的前后对称面重合。
（2）主动轴与下箱体轴承孔的轴线重合。

图 10-79　高速轴装配

4．装配上箱盖

"组装" ⬚→选择上箱盖→【打开】，将上箱盖加入装配中。打开"放置"面板，设置上箱盖下表面和下箱体上表面"重合"约束，上箱盖轴承孔圆柱面和下箱体轴承孔圆柱面"重合"约束，上箱盖和下箱体前后对称面（FRONT）"重合"约束。如图 10-80 所示。

重合　　重合

重合

(a) 装配约束　　　　　　　　　　　　　　　　　　(b) 装配结果

图 10-80　上箱盖装配

5．装配轴承端盖

轴承端盖的装配包括轴承闷盖以及轴承透盖的装配。单击"组装"图标⬚，添加低速轴透盖。端盖的右端面与轴承内圈左端面"重合"约束(红面)，端盖外圆柱面与下箱体轴承孔面为"重合"(黄面)，端盖连接孔面与上箱盖螺纹孔面"定向"约束(绿面)。如图 10-81 所示。另外三个端盖装配方法相同，最终结果如图 10-82 所示。

约束：
红面重合
黄面重合
绿面定向

图 10-81　低速轴透盖装配

图 10-82　端盖装配

10.3.4　紧固件装配

紧固件装配包括螺栓、螺母及垫圈装配等，主要有上、下箱体的连接螺栓和定位销，端盖与箱体的连接螺栓等。

1. 端盖与箱体连接螺栓的装配

(1) 单击"组装"图标 ⬛，添加端盖螺栓。选择端盖螺栓头内侧与端盖外表面为"重合"约束，螺杆轴线与端盖连接孔轴线为"重合"约束，如图 10-83 所示。

约束：
黄面重合
绿面重合

图 10-83　装配端盖螺栓

(2) 在"模型树"中选中该螺栓，单击"阵列"图标 ⬛，创建阵列方式选择"轴"，并且选择端盖轴线为参考轴，个数为 6，角度为 60°，阵列后的装配情况如图 10-84 所示。

图 10-84　阵列端盖螺栓

(3) 装配好一个端盖后，再重复步骤(1)、(2)，装好另外 3 个端盖上的螺栓，如图 10-85 所示。

图 10-85　端盖螺栓装配

2. 上、下箱体凸台螺栓组的装配

(1) 凸台螺栓装配。

单击"组装"图标 ⬛，添加凸台螺栓。其中，螺栓头内表面与上箱盖凸台孔槽表面"重合"约束，螺杆轴线和孔轴线"重合"约束。如图 10-86 所示。

图 10-86　上、下箱体凸台螺栓装配

（2）垫圈和螺母装配。

单击"组装"图标 ，添加垫圈。其中，垫圈侧面与下箱盖凸台孔槽表面"重合"约束，内孔轴线和凸台螺栓轴线"重合"约束。

再单击"组装"图标 ，添加螺母。螺母侧面与垫圈侧面"重合"约束，内孔轴线和凸台螺栓轴线"重合"约束。如图 10-87 所示。

图 10-87　上、下箱体凸台垫圈、螺母装配

3．上、下箱体凸缘螺栓组装配

上、下箱体凸缘螺栓组的装配方法与凸台螺栓组的装配方法一样，螺栓从下向上穿过下箱体和上箱体，然后从上往下装配垫圈和螺母。如图 10-88（a）所示。

4．其他零件装配

单击"组装"图标 ，添加启盖螺钉。其中，螺杆下表面与下箱体上表面"重合"约束，螺杆轴线与上箱体凸缘左前侧孔轴线"重合"约束。

在单击"组装"图标 ，添加销。其中，销表面与上箱体凸缘左后侧孔"重合"约束，上表面与上箱盖凸缘"距离"约束，距离为 7mm。如图 10-88（b）所示。

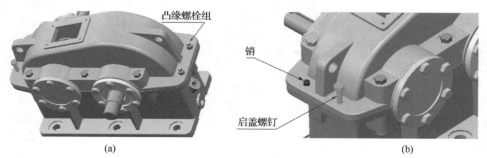

(a)　　　　　　　　　　　　　　　　　　　　　(b)

图 10-88　凸缘螺栓组、销、启盖螺钉件装配

10.3.5　其他零件装配

窥视窗、通气塞、油标尺与螺塞的装配可以仿照端盖装配和紧固件装配进行。最终总装配图如图 10-89 所示。

图 10-89　总装配图